基于声发射技术的钢筋混凝土损伤识别与劣化评价

陈忠购　著

U0238168

中国水利水电出版社

www.waterpub.com.cn

·北京·

内 容 提 要

　　本书系统论述了声发射检测技术的基本原理、发展历程、仪器系统及其在诸多领域的应用，主要内容包括声发射检测技术基础，基于声发射技术的荷载损伤锈蚀钢筋混凝土梁、柱的损伤识别和劣化评价等。

　　本书可供土木工程专业材料检测等相关领域科研人员和技术人员使用，也可供高校土木工程专业师生使用。

图书在版编目（CIP）数据

基于声发射技术的钢筋混凝土损伤识别与劣化评价 /
陈忠购著. -- 北京 ： 中国水利水电出版社，2024. 8.
ISBN 978-7-5226-2675-8

Ⅰ．TU755.7

中国国家版本馆CIP数据核字第2024XK2211号

书　　名	**基于声发射技术的钢筋混凝土损伤识别与劣化评价** JIYU SHENGFASHE JISHU DE GANGJIN HUNNINGTU SUNSHANG SHIBIE YU LIEHUA PINGJIA	
作　　者	陈忠购　著	
出版发行	中国水利水电出版社 （北京市海淀区玉渊潭南路 1 号 D 座　　100038） 网址：www. waterpub. com. cn E - mail：sales@mwr. gov. cn 电话：(010) 68545888（营销中心）	
经　　售	北京科水图书销售有限公司 电话：(010) 68545874、63202643 全国各地新华书店和相关出版物销售网点	
排　　版	中国水利水电出版社微机排版中心	
印　　刷	北京市密东印刷有限公司	
规　　格	170mm×240mm　16 开本　11.75 印张　230 千字	
版　　次	2024 年 8 月第 1 版　2024 年 8 月第 1 次印刷	
定　　价	**68.00 元**	

前　言

为了实现社会的可持续发展，延长基础设施服役期越来越受到人们的重视。随着混凝土结构的老化和灾难性损伤的增加，在役结构的持续维修问题在世界范围内得到了重视。目前对混凝土结构的无损检测评价（NDE）技术的发展提出了更高的要求。因此，各种与断裂力学紧密相关的新的 NDE 技术在混凝土工程中得到了积极的发展。针对这一课题的基础和应用，本书介绍了声发射技术（AE）在混凝土损伤劣化评价方面的研究现状和应用实例。

本书共 8 章，第 1 章介绍声发射检测技术的基本概念、原理和基础知识，并对声发射技术国内外的主要研究现状进行综述；第 2 章论述基于声发射技术的混凝土试块损伤劣化规律研究；第 3 章论述基于声发射技术的混凝土梁损伤动态突变模型；第 4 章论述基于声发射技术的钢筋混凝土柱损伤识别；第 5 章论述基于声发射技术的钢筋混凝土锈裂损伤识别与劣化评价；第 6、第 7 章论述了两个声发射技术应用实例，偏心荷载下锈蚀混凝土柱和钢纤维盾构管片，介绍了声发射技术在实际中的应用；第 8 章论述声发射技术的研究现状与未来展望。

本书在撰写过程中得到了金南国、张帼一、刘恩恋的大力支持和帮助，在此，对他们表示最深切的感谢。同时，感谢张燕飞、余欣怡、赵晗艺、诸俊豪、唐商琪、盛则超、吴江阳、王梦瑶对本书核查材料修改上提供的帮助。

希望《基于声发射技术的钢筋混凝土损伤识别与劣化评价》这本

书能够成为声发射监测领域一份有价值的资料，并为读者提供知识、启发和乐趣。期待读者的反馈，并欢迎任何形式的交流和讨论。

祝阅读愉快！

陈忠购

2024 年 2 月于浙江农林大学

目　录

第 1 章

声发射检测技术基础

1.1 声发射技术的概念

声发射（acoustic emission，AE）是材料弹性或塑性变形过程中能量释放而产生的波。ASTM E1316（2011）中定义声发射为：材料中局域源快速释放能量产生瞬态弹性波的现象。声发射波产生自不同的声发射源，包括变形、微裂缝以及其他随着应力增加而引起的变化。声发射是一种常见的物理现象，各种材料声发射信号的频率范围很宽，从几赫兹的次声频到 $20Hz\sim20kHz$ 的声频，再到数兆赫兹的超声频；声发射信号幅度的变化也很大，从 $10^{-13}m$ 的微观错位运动到 1m 量级的地震波。所以声发射法非常敏感，可使损伤在可见之前早早地被其发现。声发射探测到的能量来自被测物体的本身，而不像超声或射线检测方法那样由无损检测仪器提供。声发射检测技术可提供缺陷随荷载、时间、温度等外参数变化的实时或连续信息，因而适用于服役结构的在线实时监控和结构健康监测。声发射检测技术已成为纤维复合材料、钢筋混凝土、预应力钢筋混凝土等结构受力损伤评价的重要方法。

但许多材料的声发射信号强度很弱，人耳不能直接听见，需要借助灵敏的电子仪器才能检测出来。用仪器探测、记录、分析声发射信号和利用声发射信号推断声发射源的技术称为声发射技术。声发射技术是一种新兴的动态无损检测技术，涉及声发射源、波的传播、声电转换、信号处理、数据显示与记录、解释与评定等基本概念。

材料在应力作用下的变形与裂缝扩展是结构失效的重要机制。这种与变形和断裂机制有直接相关的源，通常称为传统意义上或典型的声发射源。近年来，流体泄漏、摩擦、撞击、燃烧等与变形和断裂机制无直接关系的另一类弹性波源，也被视作声发射源范畴，称为其他声发射源或二次声发射源。

声发射源发出的弹性波，首先，经介质传播到达被检物体表面，引起表面

1

的机械振动；然后，通过声发射传感器将表面的瞬态位移转换成电信号，声发射信号再经放大、处理后，形成其特性参数，并被记录与显示；最后，经数据的解释，评定出声发射源的特性。

声发射检测的主要目标是：①确定声发射源的部位；②分析声发射源的性质；③确定声发射发生的时间或荷载；④评定声发射源的严重性。一般而言，对超标声发射源，要用其他无损检测方法进行局部复检，以精确确定缺陷的性质与大小。

近年来，声发射检测方法有很大发展，在无损检测技术中占有重要地位。发声是在材料内部结构变化过程中产生的，也只有内部结构变化，才能引起能量释放。它必须有外部条件（例如力、电磁、温度等因素）的作用，使材料或构件发声，由于这些因素的作用，使材料内部结构发生变化（如晶体结构的变化、滑移变形、裂缝扩展等）因此，声发射检测是一种动态无损检测方法，即：使构件或材料的内部结构、缺陷或潜在缺陷处于运动变化的过程中进行无损检测。裂缝等缺陷在检测中主动参与了检测过程。如果裂缝等缺陷处于静止状态，没有变化和扩展，就没有声发射发生，也就不能实现声发射检测。声发射检测的这一特点使其区别于超声、X 射线、涡流等其他无损检测方法。

由于声发射检测是一种动态无损检测方法，而且，声发射信号来自缺陷本身，因此，用声发射法可以判断缺陷的严重性。一个同样大小、同样性质的缺陷，当它所处的位置和所受的应力状态不同时，对结构的损伤程度也不同，所以它的声发射特征也有差别。明确了来自缺陷的声发射信号，就可以长期连续地监视缺陷的安全性，这是其他无损检测方法难以实现的。

除极少数材料外，金属和非金属材料在一定条件下都有声发射发生，所以，声发射检测几乎不受材料的限制。

由于材料变形、裂缝扩展等的不可逆性质，声发射也有不可逆性。因此，要进行声发射检测，必须知道材料的受力历史，或者在构件第一次受力时进行检测。

利用多通道声发射装置，可以确定缺陷所在位置。声发射检测的这一特点对大型结构检测特别方便。在利用声发射技术检出缺陷后，还可以用其他无损检测方法加以验证。

声发射检测到的是一些电信号，根据这些电信号来解释结构内部的缺陷变化，这种变化往往比较复杂，需要丰富的知识和其他试验手段的配合。声发射检测环境常常有强的噪声干扰，虽然声发射技术中已有多种排除噪声的方法，但在某些情况下还会使声发射技术的应用受到限制。

把声发射技术用于无损检测，自然会涉及材料中声发射的来源问题，也就是材料在外部应力作用下，为什么会产生声发射，有哪些过程产生声发射。这是一个很复杂的问题，因为至今还不能直接测到从声发射源发出的原始声发射信号，这就给声发射源的研究带来一定困难。但是，在应用声发射技术进行无损检测时，其目的就是要找出声发射源的位置，了解它的性质，判断它的危险性。正是由于声发射源的研究在声发射技术应用中的重要性，促使许多研究者不得不去研究声发射源问题，以便为声发射技术应用于无损检测建立理论基础。

1.2　声发射参数分类

在声发射仪器上显示出来的信号可分为两种：突发型和连续型。突发型信号是指在时域上可以分离的波形。而实际上，所有的声发射过程都是突发过程。当声发射信号的频度很高，使信号在时域上不可分离的时候，波形就以连续型信号显示出来。当声发射信号超过门限时，信号就由特征提取电路变换为几个信号特征参数。声发射信号简化波形参数的定义如图1.1所示。常用的声发射参数包括：撞击（波形）计数、振铃计数、能量、幅度、峰值频率、持续时间、上升时间和门限等。

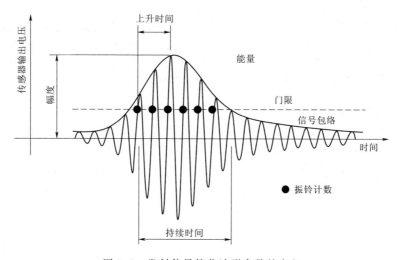

图1.1　发射信号简化波形参数的定义

1.2.1　声发射事件计数（event count）与撞击计数（hits）

撞击是指超过门限并导致一个系统通道累计数据的任一声发射信号。撞击计数则是系统对撞击的累计计数，可分为总计数和计数率。计数率是指单位时间的累计个数。当一个声发射事件发生时，信号通过介质传播可能被几个传感器接收并形成几个撞击，对检测系统而言，一个声发射事件是指一个或几个撞击所鉴别出来的一次材料局部变化。因此，声发射事件计数即是检测系统对鉴别出来的声发射事件的累计结果，它也分为总计数和计数率两种。声发射事件计数不仅可以反映声发射事件的总量，还可以反映声发射事件的频度，主要用于声发射源的活动性和定位集中度的评价。同样，撞击计数也可以反映声发射活动的总量和频度，通常用于声发射活动性评价。

1.2.2　振铃计数（count，ring-down count）

振铃计数是最通用的声发射评估技术。当一个事件撞击传感器时，它使传感器产生振铃。所形成的超过阈值的电信号的每一振荡波均记为一个振铃计数。振铃计数就是越过门限信号的振荡次数，可分为总计数和计数率。

振铃计数的引入使信号处理简便化，适宜于表征突发声发射和连续声发射两类信号，又能粗略反映信号强度和频度，因而广泛用于声发射活动性评价。但同样的信号在门限不同时振铃计数会不同，若将门限提高，振铃计数会有所减少，而且受门限高低偏差而变化较大。

1.2.3　幅度（amplitude）

幅度是声发射信号的重要参数，与事件的大小有直接的关系，不受门限的影响，直接决定事件的可测性，常用于波源的类型鉴别，强度及衰减的测量。

1.2.4　有效值电压（RMS）和平均信号电平（ASL）

有效值电压是采样时间内信号电平的均方根值，单位为 V，与声发射的大小有关。测量简便，不受门限的影响，适用于连续型信号，主要用于连续型声发射活动性评价。

平均信号电平是采样时间内信号电平的均值，单位为 dB。提供的信息和应用与 RMS 相似，对幅度动态范围要求高而时间分辨率要求不高的连续型信号，尤为有用，也用于背景噪声水平的测量。

1.2.5　持续时间（duration）

持续时间是事件信号第一次越过门限至最终降至门限所历程的时间间隔，单位为 μs。它与振铃相关，近似于振铃计数与传感器每一次振荡时间周期的乘积。与振铃计数十分相似，但常用于特殊波源类型和噪声的鉴别

1.2.6　能量计数（energy）

能量计数是事件信号检波包络线下的面积，可分为总计数和计数率。能量计数可以反映事件的相对能量或强度，对门限、工作频率和传播特性不甚敏感，

可取代振铃计数，也用于波源的类型鉴别。

1.2.7 其他声发射参数

上升时间（risetion）：是事件信号第一次越过门限至最大振幅所历程的时间间隔，单位为 μs。表示信号超过门限水平到峰值所经过的时间。因易受传播的影响而其物理意义变得不明确，鉴别机电噪声时，用以滤除机械噪声和电子噪声。

时差：同一个声发射波到达各传感器的时间差，单位为 μs。可以根据时差大小、传感器间距和传播速度计算出声发射波源的位置，进而可以预测缺陷位置作进一步检测分析。

外变量：试验过程外加变量，包括历程时间、荷载、位移、温度及疲劳周次等。外变量不属于信号参数，但属于撞击信号参数的数据集，可以用于声发射活动性分析，以了解试验过程中外变量的变化与声发射参数的相互关系。

常用声发射信号特性参数见表1.1。

表 1.1　　　　　　　　　声发射信号特性参数

参数	含 义	特 点 和 用 途
撞击（hit）和撞击计数	超过门限并使某一通道获得数据的任何信号称为一个撞击。所测得的撞击个数，可分为总计数、计数率	反映声发射活动的总量和频度，常用于声发射活动性评价
事件计数	产生声发射的一次材料局部变化称为一个声发射事件，可分为总计数、计数率	反映声发射事件的总量和频度，用于源的活动性和定位集中度评价
幅度	信号波形的最大振幅值，单位为 dB	与事件大小有直接的关系，不受门的影响，直接决定事件的可测性，常用于波源的类型鉴别
持续时间	信号第一次越过门限至最终降至门限所经历的时间间隔，单位为 μs	与振铃计数十分相似，但常用于特殊波源类型和噪声的鉴别
上升时间	信号第一次越过门限至最大振幅所经历的时间间隔，单位为 μs	受传播的影响，其物理意义变得不明确，有时用于机电噪声鉴别
计数	越过门限信号的振荡次数，可分为总计数、计数率	信号处理简便，适于两类信号，又能反映信号强度和频度，因而广泛用于声发射活动性评价，但受门限值大小的影响
能量计数	信号检波包络图下的面积，可分为总计数、计数率	反映事件的相对能量或强度。对门限、工作频率和传播特性不甚敏感，可取代振铃计数，也用于波源的类型鉴别
峰值频率	峰值频率是功率谱中峰值发生的点	用于声发射源的类型鉴别

续表

参数	含　义	特点和用途
有效值电压 （RMS）	采用时间内，信号的均方根，单位为 V	与声发射的大小有关，测量简便，不受门限的影响，适用于连续型信号，主要用于连续型声发射活动性评价
RA 值 （RA value）	RA 值是指从声发射信号中电压的上升时间和最大振幅的比值	用于声发射源信号特征的鉴别
AF 值 （Average Frequency）	是计数的数量与声发射信号的持续时间之间的比率	用于声发射源信号特征的鉴别
费利西蒂比	加载过程中恢复有效声发射时的应力水平与上次所加最大应力之比	用于表征声发射的不可逆程度
到达时间	一个声发射波达到传感器的时间，单位为 μs	决定了波源的位置、传感器间距和传播速度，用于波源的位置计算
外变量	试验过程外加变量，包括时间、荷载、位移及疲劳周次等	不属于信号参数，但属于声发射信号参数的数据集，用于声发射活动性分析

1.3　声发射技术发展历程

1.3.1　声发射基础技术的发展

声发射技术从诞生到现在经历了近半个世纪的发展，其基础技术理论的发展经历了以下几个阶段。

1. 认识阶段

声发射最早被应用的历史也许可追溯到公元前 6500 年时期的制陶业，制陶工人通过监听陶器在窑内冷却时发出的劈啪声来判断陶器的质量。可以十分肯定地推断，"锡鸣"是人们首次观察到的金属中的声发射现象，因为纯锡在塑性形变期间机械孪晶产生可听得到的声发射，而铜和锡的冶炼公元前 3700 年已在小亚细亚开始。

20 世纪初，人们在研究孪生和马氏体相变等冶金现象时，附带对金属的可听声发射进行了一些观察。随着研究工作的发展，人们开始借助于专门的实验仪器对来自样品的声发射进行探测和记录，Scheil[1] 于 1936 年首次用仪器记录了 29％Ni 钢中马氏体形成引起的"噪声"，Munson[2] 于 1948 年采用仪器作了第二次声发射试验，他们通过测量纯锡试样形变期间产生的应力波来研究运动的位错，当时他们的试验仪器具有 10^{-6}s 的时间分辨率并能测量 10^{-7}mm 的位移。

2. 初步研究与应用阶段

现代的声发射技术的开始应以 Kaiser[3] 于 20 世纪 50 年代初在德国所作的研究工作为标志。他观察到铜、锌、铝、铅、锡、黄铜、铸铁和钢等金属和合金在形变过程中都有声发射现象。他最有意义的发现是材料形变声发射的不可逆效应，即材料被重新加载期间，在应力值达到上次加载最大应力之前不产生声发射信号。现在人们称材料的这种不可逆现象为"Kaiser 效应"。Kaiser 同样提出了连续型和突发型声发射信号的概念，并推断多晶金属材料中的声发射是由晶粒间的相互摩擦和断裂而产生的。

继 Kaiser 之后，声发射现象在美国引起一些研究人员的兴趣，Schofield 等[4] 和 Graham 等[5] 在 20 世纪 50 年代后期开始从事这方面的研究工作，他们改进仪器研究材料的声发射源，结果发现金属塑性形变的声发射主要由大量位错的运动所引起，而不是像 Kaiser 所提出的完全由晶界滑动而产生。Schofield 还得到一个重要的结论，即声发射主要是体积效应而不是表面效应。Graham 进行了导致声发射现象的物理机制方面的研究工作，首次提出声发射可以作为研究工程材料行为疑难问题的工具，并预言声发射在无损检测方面具有独特的潜在优势。

20 世纪 60 年代初，Green[6] 首先开始了声发射技术在无损检测领域方面的应用，他们用磁带记录和分析了导弹发动机壳体在水压试验期间的声发射，对记录的声发射数据分析表明，56% 的壳体在爆破之前都有裂缝的产生和扩展。在这一时期 Dunegan 等[7] 首次将声发射技术应用于压力容器方面的研究。在整个 60 年代，美国和日本开始广泛地进行声发射的研究工作，人们除开展声发射现象的基础研究外，还将这一技术应用于材料工程和无损检测领域。美国于 1967 年成立了声发射工作组，日本于 1969 年成立了声发射协会。

然而，在 60 年代，多数声发射仪器和声发射检测都在声频范围内进行，在排除噪声干扰方面遇到了困难，因此声发射技术及其应用很难得到大的发展。Dunegan 等于 70 年代初开展了现代声发射仪器的研制，他们把实验频率提高到 100kHz～1MHz 的范围内，这是声发射实验技术的重大进展，现代声发射仪器的研制成功为声发射技术从实验室的材料研究阶段走向在生产现场用于监视大型构件的结构完整性创造了条件。1964 年美国对北极星导弹舱成功地进行了声发射检测，这是 AE 在工程结构上成功应用的第一个实例。

3. 蓬勃发展阶段

随着现代声发射仪器的出现，20 世纪 70 年代和 80 年代初，人们从声发射源机制、波的传播到声发射信号分析方面开展了广泛和系统的深入研究工作。在生产现场也得到了广泛的应用，尤其在化工容器、核容器和焊接过程的控制方面取得了成功。Drouillard 等[8] 于 1979 年统计出版了 1979 年以前世界上发表的声发射论文目录，据他的统计，当时世界上发表有关声发射的论文总数已超过 5000 篇。

由于 Dunegan 公司生产的多通道声发射仪器体积大，不便于进行现场检验，而且该仪器在进行声发射定位方面有一定的局限性，因此在 70 年代进行声发射现场检验的工作开展较少。80 年代初，美国 PAC 公司将现代微处理计算机技术引入声发射检测系统，设计出了体积和重量较小的第二代源定位声发射检测仪器，并开发了一系列多功能高级检测和数据分析软件，通过微处理计算机控制，可以对被检测构件进行实时声发射源定位监测和数据分析显示。由于第二代声发射仪器体积和重量小、易携带，从而推动了 80 年代声发射技术进行现场检测的广泛应用，另一方面，由于采用 286 及更高级的微处理机和多功能检测分析软件，仪器采集和处理声发射信号的速度大幅度提高，仪器的信息存储量巨大，从而提高了声发射检测技术的声发射源定位功能和缺陷检测准确率。

4. 稳步高速发展阶段

进入 90 年代，美国 PAC 公司、美国 DW 公司和德国 Vallen Systeme 公司先后分别开发生产了计算机化程度更高、体积和重量更小的第三代数字化多通道声发射检测分析系统，这些系统除能进行声发射参数实时测量和声发射源定位外，还可直接进行声发射波形的观察、显示、记录和频谱分析。

随着声发射基础理论研究的深入开展以及现场、实验数据和经验的大量积累，计算机技术、集成电路、人工神经网络等信号处理（尤其是数字信号处理技术）及模式识别技术在声发射中得到了广泛的应用，加之日益扩大的应用领域对声发射技术的发展提出了新的要求等，促进了声发射技术稳步高速发展。

1.3.2 声发射信号处理技术的发展

声发射信号处理技术的发展同声发射技术的发展息息相关。按处理信号数据类型的不同可把声发射信号处理技术分为：①直接以声发射信号波形为处理对象，根据所记录信号的时域波形及与此相关联的频谱、相关函数等来获取声发射信号所含信息的方法；②声发射信号特征参量分析法，利用信号分析处理技术，处理由声发射仪采集的声发射信号特征参量，目前主要采用的声发射特征参量如声发射信号的幅度、能量、计数、事件、上升时间、持续时间和门限等，很多声发射源特性可以用这些声发射特征的统计参量描述，为工程实际应用带来极大的方便。

神经网络模型应用以来，神经网络分析技术迅速发展，并在许多领域得到卓有成效的应用。1989 年，Gabec 等[9] 开始研究人工神经网络声发射信号处理，这可以看成是神经网络分析技术在声发射技术上最早的应用。目前，人工神经网络声发射信号处理已成为国际上声发射技术研究的一个热点，人们期望能用人工神经网络方法对声发射信号进行有效性识别，以期得到对声发射源特征的详细描述，克服目前声发射信号处理中存在的声发射源模式不可分、不可识别，以及在信号处理过程中的人为干预、效率低等问题，我国声发射工作者在神经网络技术的应用方面也取得了很大成绩，并曾在刀具磨损监测、声发射谱信号模式识别等方面取得成功。

1.4　声发射信号处理方法

1.4.1　声发射特征参数分析方法

由于早期声发射仪功能较少，只能采集到计数、幅值、能量等少量参数，因此较多采用的是单参数分析法，如计数法、能量分析法、幅度分析法等。随着声发射仪器的技术升级，具有强大功能的多通道声发射仪被广泛应用，现在的参数分析法进而演变出参数列表分析法、经历图分析法、分布分析法、关联分析法等。

1. 参数列表分析法

以时间为顺序将各种声发射特征参数进行排列的分析方法，即将每个声发射信号特征参数按照时序排列并直接显示于列表中，包含信号的到达时间，各声发射信号的参数、外变量等。

2. 经历图分析法

经历图分析法，是指通过建立各参数随时间或外变量变化的情况，最常见的直观方法是制作图形进行分析，常使用的经历图和累计经历图有计数、幅度、能量、上升时间、持续时间等随时间或外变量的变化。

3. 分布分析法

分布分析法，是指根据信号的参数值进行统计撞击或事件计数分布分析的一种方法。分布图的横轴代表参数，选用哪个参数即为该参数的分布图，纵轴为撞击或事件计数，常见的分布图有时间、能量、上升时间、幅度分布图等。

4. 关联分析法

关联分析法，是指将两个任意特征参数做关联图分析的方法。关联图两坐标轴各表示一个参数，图中每个点对应一个声发射信号撞击或事件计数。通过不同参量间的关联图可以分析不同声发射源特征，从而达到鉴别声发射源的目的。

1.4.2　波形分析法

早期声发射仪的传感器多为谐振式、高灵敏型，该类传感器近似为一个窄带滤波器，会将声发射源本质的信息所掩盖或过滤掉，所获得的大多为衰减过后的正弦波，必然会引起信息的缺失，这也是参数分析法最大的不足。基于参数分析法的不足，人们很早就意识到波形蕴含了声源的一切信息，具有重要的研究价值。常见的波形分析法有：模态声发射（MAE）、傅里叶变换、小波分析、神经网络、全波形分析。

1. 模态声发射

1991 年，美国学者 Gorman 等[10] 发表了对板波声发射（PWAE）的研究后，加深了研究人员对 Lamb 波的认识，将该理论更多地应用于声发射监测。PWAE 后又被称为模态声发射（MAE），MAE 理论结合了声发射源的物理机制与板波理论，该方法适用于薄型板金属材料、薄壁长管腐蚀的声发射信号监测，由于该信号具有典型的扩展波与弯曲波特征，在波形特征上与噪声差异较大，故易于辨识出腐蚀信号的波形。

2. 傅里叶变换

傅里叶变换在 1807 年首次被法国数学、物理学家傅里叶（Baron Jean Baptistle Joseph Fourier）提出，直到 1966 年才发展完善。傅里叶变换是人类数学史上的一个里程碑，一直以来被视为最基本、最经典的信号处理方法，而且由其得到的频谱信息具有重大物理意义，在各领域得到广泛应用。傅里叶变化是对傅里叶级数的推广，将时域信号转化到频域进行分析，使信号处理取得了质的突变，非常适用于周期性信号的分析。但因其是对数据段的平均分析，对于非平稳、非线性信号缺乏时域局部性信息，处理结果差强人意。

3. 小波分析

小波分析是一种从傅里叶分析演变、改进与发展而来的两重积分变换形式的分析方法，该方法对于信号具有自适应功能，即保证窗口面积（大小）不变，通过改变窗口形状、时间窗与频率窗，实现信号在不同频带不同时刻的适当分离，将信号逐层分解为低频与高频部分，低频部分的频率分辨率较高，但时间分辨率较低；而高频部分的时间分辨率较高，但频率分辨率较低，因此亦被形象地称为"数学显微镜"，为非平稳、微弱信号的提取分析提供了强有力的高效工具。

小波分析擅长的噪声分离和提取有用的微弱信号，是其应用于信号处理的重要优势。通过将信号分解为不同频段的信号，很容易进行噪声的分离。同时小波分析的时频分析能力，在处理类似声发射信号这类具有非平稳特征的信号时具有巨大的优势。

根据声发射信号的特征选择采用小波分析方法时，对于小波基的选取有以下规则：

（1）尽量选择离散的小波变换。与离散小波变换相比，连续小波变换可以自由选择尺度因子，对信号的时频空间划分比二进离散小波要细，但计算量较大；声发射信号的数据量庞大，从处理速度这个角度考虑，声发射号采用离散小波变换比较合适；由于对声发射信号的分析目的是能获取声发射源的相关信息，因此，通过对声发射信号的小波分析，能够实现声发射源特征信号的重构，有利于获取声发射源的信息。

（2）优先考虑选择在时域具有紧支性的小波基。声发射信号具有突发瞬态性，能够准确拾取突发的声发射信号是获取正确的声发射源信息的前提保障，所以应优先考虑选择在时域具有紧支性的小波基，而且紧支性的小波基能避免计算误差。为了保证小波基在频域的局部分析能力，要求小波基在频域的频带具有快速衰减性。综合以上的分析，小波基在时域具有紧支性，在频域具有快速衰减性是声发射信号小波基选择应遵循的另一个规则。

（3）小波基具有时域与声发射信号类似的特性。声发射信号在时域通常表现为一类具有一定的冲击特性和近似指数衰减性质的波形信号，且具有一定持续时间。因此，选择的小波基具有类似的性质能对声发射信号的特征提供好的分析效果。

（4）选择具有一定阶次消失矩的小波基。具有一定阶次消失矩的小波基能有效地突出信号的各种奇异特性，声发射信号具有类似冲击信号的特性，因此选择具有一定阶次消失矩的小波基，能突出声发射信号的特征。

（5）应尽量选择对称的小波基。对声发射信号的小波变换分析，应尽量选择对称的小波基，在对称小波基获取困难的情况下，应尽量选择近似对称的小波基，以降低信号的失真。

4. 神经网络

神经网络是随着计算机发展而来的一门新兴学科，具有自组织、自适应、自学习的功能，以及很强的鲁棒性，因而对于数据的处理方面具有较强的适应性。人工神经网络（ANN）中的每个信息处理单元（神经元）通过向相邻的其他单元发出激励或抑制信号来进行"交流"，用以完成整个网络系统的信息处理，该系统具有高度鲁棒性及并行分布处理信息的能力，同时还具有知识的分布式表达、自动获取、自动处理的自适应性以及较好的容错能力与学习能力等优点，被广泛应用于语音识别、图像识别、图像分类等领域。

5. 全波形分析

随着声发射仪的不断发展，市面上主流的第三代数字化声发射监测仪均为多通道，并配有宽频传感器，可以对声发射信号进行实时全方位的采集，采用分析信号的时域波形和频域分析相结合的方法，在声发射信号的分析及信噪分离方面取得良好的效果。

1.5 声发射技术仪器系统

自 1965 年美国的 Dunegan 公司首次推出商业声发射仪器以来，声发射的硬件技术已经历了近 60 年的发展。从具有代表性的技术更新来看，声发射仪器的发展主要分为三个阶段。

第一阶段为 1965—1983 年，是模拟式声发射仪器的时代，其中包括声发射传感器、前置放大器、模拟滤波技术以及硬件特征提取技术的完善与发展。然而，硬件技术本身存在缺陷，如：增益过大易导致前置和后置放大器阻塞；模拟滤波难以剔除一些噪声信号；由于各个通道的信号采集、传递、计算、存储和显示都要占中央处理单元的时间，不但速度慢而且系统极易出现闭锁状态等。因此，该阶段声发射仪器的可靠性并不令人满意，这也使得该期间应用技术的发展也较缓慢。

第二阶段为 1983—1994 年，是半数字和半模拟式声发射仪的时代，以美国 PAC 于 1983 年开发的 SPARTAN - AT 和随后推出的 LOCAN - AT 系统为代表。该系统采用专用模块组合式，第一次应用多个微处理器组成系统，把采集功能和存储及计算功能相分离，并且利用 IEEE488 标准总线和并行处理技术解决实时数据通信和数据处理。SPARTAN 仪器每两个通道形成一个单元，配有专用微处理器，形成独立通道控制单元（ICC），完成实时数据采集的任务；而将数据处理的任务比较合理地分配给一些并行的计算单元，使仪器的实时性得到增强。另外，由于主机采用 Z80 微处理计算机，使声发射检测信号的处理和数据分析功能得到大幅度提升。

第三阶段为 1994 年至今，以全数字化声发射仪器的问世为代表。全数字化声发射仪的主要特点是，由 AE 传感器接收到的声发射信号经过放大器放大后，直接经高速 A/D 转换器转换为数字信号，再采用专用数字硬件提取各种相应的参数特征量，而不像早期的模拟式声发射仪那样，经过一系列模拟、数字电路才能形成数字特征量。这种全数字化声发射仪的优点是，系统设计模块化、积木式并行结构，其基本单元由模拟波形数据的 A/D 转换和数字信号处理（DSP）或（和）可编程逻辑电路（FPGA）构成，用来提取声发射参数。全数字化声发射仪的另一个重要功能是能记录瞬态波形并进行波形分析和处理。这类数字仪器有很高的信噪比、良好的抗干扰性，且动态范围宽、可靠性高，不易受到温度等环境因素的影响。现阶段声发射仪的发展动向是全数字全波形声发射仪，其特点是硬件仅采集数字声发射信号波形，其他任务如参数产生、滤波甚至门限功能，都可实时或事后由软件完成。如果声发射技术走向以波形信号分析为主，全波形声发射仪自然将成为首选。

目前，声发射检测仪器按最终存储的数据方式可分为参数型、波形型及混合型。参数型声发射仪最终存储的是到达时间、幅度、计数、能量、上升时间、持续时间等声发射波形信号的特征参数数据，数据量小，数据通信和存储容易，但信息量相对波形数据少。波形型声发射仪最终存储的是声发射信号波形数据，数据量大，是特征参数数据的上千倍，信息丰富，对数据通信和存储要求高。

我国在声发射仪器的研制和生产上起步并不算太晚，已研制和生产了各种双通道、4通道、8通道和32通道的声发射仪，基本上属于模拟声发射仪器的范畴，如沈阳计算机技术研究院的 AE-04 声发射检测系统、长春试验机研究所的 AE-32 声发射缺陷定位分析系统，以及劳动部锅炉压力容器检测研究中心的 AE95-AT 声发射仪等。国外在全数字式声发射仪的研制上发展很快，典型代表是美国 PAC 公司的 Mistras2001、德国 Vallen 公司的 AMSY4 和美国数字波形公司（DWC）F-4000 声发射检测仪等，其声发射特征量全由数字信号提供，即声发射传感器的模拟信号在到达各种处理器之前首先被数字化，由于全部信号处理是对离散信号完成的，系统有很高的信噪比和很宽的动态范围。另外，全数字声发射仪一般都配以各种支持软件，尤其是模式识别方面的软件，比过去任何声发射仪都能给出更多有用的信息。

本书中的声发射仪器都是使用的北京软岛时代科技有限公司的 DS2 系列全信息声发射信号分析仪，该仪器的技术指标见表 1.2。

表 1.2　　　　　　　　　DS2 系列全信息声发射信号分析仪技术指标

型号	DS2-B 系列
通道数	2、4、6、8 通道
接口形式	USB2.0 接口
运行软件环境	win7（32bit）操作系统
连续数据通过率	大于 48MB/s
数据采集方式	多通道同步采集
波形的存储方式	所有通道波形数据连续记录，保证数据完整性
连续采集、存储长度	对于配置 2TB 的硬盘，以 3MHz 采样率，同步采集八通道声发射信号，可以连续存储数小时的波形数据
A/D 转换精度	16 位
采样速度	双通道：10MHz 4 通道：5MHz、6MHz 8 通道：2.5MHz、3MHz、1MHz、500kHz、200kHz、100kHz
数据采集方式	多通道同步采集

续表

型号	DS2－B 系列
输入信号范围	±10V
主机系统噪声	±1 个采样分辨率，即±0.308mV
通道输入阻抗	50Ω
A/D 转换非线性误差	±0.5LSB
信号输入类型	单端信号
采样触发方式	信号门限触发、外部触发
外参通道数	8 通道（DS2－A 系列无外参）
外参转换精度	16bit（DS2－A 系列无外参）
外参输入范围	±5V 或±10V（DS2－A 系列无外参）
使用温度范围	0～50℃
供电方式	外部 220V 供电

该全信息声发射信号分析仪特点为：

（1）完整采集整个实验过程的声发射信号，保证数据完整性。

（2）可以根据采集的波形，更加精确地设定声发射参数提取条件，如各通道的门限、撞击鉴别时间、撞击锁闭时间等。这样可以得到更加准确的声发射参数，避免了凭经验设置门限等参数，造成提取声发射参数的误差。

（3）由于是连续完整采集声发射信号，所有声发射定位点都有对应的定位波形，通过对波形到达时间的精确调整（手动或自动），可以得到更加精准的定位点。

（4）采集到的声发射信号，用户可以选择全部或部分波形，以文本格式或二进制格式导出，以便使用 MATLAB 等工具进行波形分析。

1.6　声发射技术在混凝土结构检测中的应用

声发射技术始于 20 世纪 30 年代。最早的出版论文是 20 世纪 40 年代关于矿山岩石爆破预测的研究。后来，声发射技术开始被应用于航空航天和工程地质等领域。Kaiser 于 20 世纪 50 年代初在德国所做的研究工作标志着现代声发射技术的开始，其最有意义的发现是材料形变声发射的不可逆效应，即"材料被重新加载期间，在应力值达到上次加载最大应力之前不产生声发射信号"。材料的这种不可逆现象被称为"凯塞效应"。同时，Kaiser 也提出了连续型和突变型声发射信号的概念。1959 年，Rusch[11] 对混凝土受力后的声发射信号进行了研究，证实了在混凝土材料中，凯塞效应仅在其极限应力的 70%～85% 以下的范围内存在。1959 年和 1960 年，L'Hermite[12-13] 报道了关于混凝土在变形过程中的声发射的研究成果。1965 年，Robinson[14] 研究了砂浆体及不同骨料掺量、不同骨料粒径的混凝土的声发射特征。1970 年，Green 发表了当时较为全面的研究成果，他按照 ASTM 标准，对混凝土的抗压强度、弹性模量、泊松比和劈裂抗压强度等指标与声发射变化的关系进行了实时检测。在最近的 20 多年来，声发射技术取得了令人瞩目的发展，声发射技术开始应用于桥梁、大坝等基础设施的评价中。各种不同的损伤探测和定量化方法开始提出并进行验证。声发射损伤定量化技术在这个阶段开始从实验室研究转移到服役中的建筑结构上，近期又将声发射技术用于公路桥梁的监测。

近年来学者在声发射技术在混凝土结构评价中的应用见表 1.3。

表 1.3　声发射技术在混凝土结构评价中的应用

年份和学者	构件尺寸	研究对象	加载方式	传感器类型	损伤评价方法
2002，Ohtsu 等[15]	中比例尺模型	钢筋混凝土	加载、卸载循环	谐振式（150kHz）	CR vs. LR
2002，Golaski 等[16]	现场测试全尺寸	预应力混凝土	加载、卸载循环	谐振式（55～60kHz）	Intensity analysis
2003，Colombo 等[17]	中比例尺模型	钢筋混凝土	加载、卸载循环	谐振式（55～60kHz）	b-value
2005，Colombo 等[18]	中比例尺模型	钢筋混凝土	加载、卸载循环	宽频带	CR vs. LR/Relaxation ratio
2006，Ziehl 等[19]	中比例尺模型	钢筋混凝土	周期负荷	谐振式（55～60kHz）	PCSS ratio
2008，Lovejoy[20]	全尺寸	钢筋混凝土	加载、卸载循环	谐振式（150kHz）	Intensity analysis/CR vs. LR
2008，Schumacher[21]	全尺寸	钢筋混凝土	加载、卸载循环	谐振式（55～60kHz）	CR vs. LR/b-value
2008，Ziehl 等[22]	现场测试	后张拉预应力混凝土	周期负荷	谐振式（55～60kHz）	CR vs. LR/PCSS ratio/Global performance index
2009，Liu 等[23]	小比例尺模型	钢筋混凝土	周期负荷	谐振式（55～60kHz）	CR vs. LR/Relaxation ratio

续表

年份和学者	构件尺寸	研究对象	加载方式	传感器类型	损伤评价方法
2009, Aggelis 等[24]	小比例尺模型	钢筋混凝土	分步加载	谐振式 (55~60kHz)	Ib - value
2010, Nair 等[25]	现场测试	预应力混凝土	载重卡车加载	谐振式 (55~60kHz)	Intensity analysis
2012, Barrios 等[26]	全尺寸	预应力混凝土	周期负荷	谐振式 (55~60kHz)	CR vs. LR
2013, Xu 等[27]	中比例尺模型	预应力混凝土	周期负荷	谐振式 (55~60kHz)	CR vs. LR/PCSS ratio/ Relaxation ratio
2022, Deng 等[28]	中比例尺模型	预应力混凝土	分布加载	谐振式 (55~60kHz)	Energy/ Amplitude analysis
2023, Wang 等[29]	中比例尺模型	预应力混凝土	分布加载	谐振式 (55~60kHz)	Rise time/ Amplitude analysis

1.7　声发射技术在钢筋锈蚀劣化检测中的应用

无损检测技术和结构健康监测广泛应用于混凝土结构损伤劣化的检测过程中，在其早期阶段，往往需要依靠其内部结构的变化来检测劣化情况。目视检查是最常用的一种方法，但它依赖于检察员的经验，故缺乏准确性，同时无法检测到内部隐藏的劣化情况。电化学技术如半电池电位法和极化电阻法也被广泛应用于实验室和现场的损伤检测。然而，半电池电位法受温度、混凝土电导率、膜电位和电势因素影响较大。此外，半电池电位测量法要求与钢直接连接使其成为一种侵入性的方法。另外，它不能提供锈蚀速率的定量信息，因为它只能估计局部锈蚀的可能位置。

极化电阻法（Rp）是人们较为常用的检测锈蚀速率的方法。以前的研究证明了其在确定钢在混凝土中的锈蚀状态的局限性。极化电阻的计算方法有多种，其最常见的方法是线性极化电阻（LPR）。这种电化学方法也有一些缺点：①它假定均匀锈蚀，然而混凝土中的钢筋往往发生点状锈蚀，这将导致很大的误差；②在某些情况下线性极化的读数存在不稳定性；③混凝土的干湿程度影响混凝土电阻，从而影响读数，造成误差；④混凝土中钢筋截面积无法实时准确测量从而给极化电阻的计算带来误差。

声发射是一种灵敏的无损检测方法，能够探测到混凝土中产生的弱应力波。已有学者证明了声发射法能够检测到混凝土在加载测试过程中产生的裂缝。声发射法也显示其在早期损伤劣化检测和损伤定位方面的巨大潜力。

本节论述了目前世界上已开展的应用声发射技术在钢筋混凝土中进行锈蚀检测的研究成果,见表1.4。

表 1.4 声发射技术在混凝土结构损伤劣化检测中的应用研究

年份和学者	构件尺寸	研究对象	锈蚀方式	传感器类型	声发射参数分析	锈蚀评价准则
1982,Weng 等[30]	小比例尺模型	钢筋混凝土	海水浸泡/加速锈蚀	(D/E) Model 5140B	累积计数	半电池电位法/原电池电流
1995,Zdunek 等[31]	小比例尺模型	钢筋混凝土	干湿循环	Model 8013A system	累积计数	半电池电位法/原电池电流/阻抗
1998,Li 等[32]	小比例尺模型	钢筋混凝土	干湿循环	谐振式 R15	累积计数	半电池电位法/原电池电流
2003,Idrissi 等[33]	小比例尺模型	砂浆	加速锈蚀	谐振式 R15	累积计数	半电池电位法/电流密度
2004,Uddin 等[34]	小比例尺模型	素混凝土	膨胀剂	宽频带	简化格林函数的矩张量分析	半电池电位法/
2005,Assouli 等[35]	小比例尺模型	砂浆	加速锈蚀	宽频带	累积计数	半电池电位法/阻抗
2008,Ramadan 等[36]	小比例尺模型	钢筋混凝土	应力锈蚀开裂	宽频带	累积计数	半电池电位法/视觉、电镜扫描观测
2010,Kawasaki 等[37]	小比例尺模型	钢筋混凝土	干湿循环	谐振式 R15	Ib－value/简化格林函数的矩张量分析	半电池电位法/视觉、电镜扫描观测
2011,Ohtsu 等[38]	小比例尺模型	钢筋混凝土	干湿循环/加速锈蚀	宽频带	累积计数/RA－AF/b－value	半电池电位法/氯离子浓度/视觉、电镜扫描观测
2013,Mangual 等[39]	小比例尺模型	预应力混凝土	分步加载	谐振式 R6i	累积信号强度/强度分析	半电池电位法/视觉、电镜扫描观测/质量损失
2013,Mangual 等[40]	小比例尺模型	预应力混凝土	加速锈蚀	谐振式 R6i	累积信号强度/强度分析	半电池电位法/视觉、电镜扫描观测/质量损失
2012,Elbatanouny 等[41]	中比例尺模型	预应力混凝土	干湿循环/加速锈蚀	谐振式 R6i	累积信号强度/强度分析	半电池电位法/视觉、电镜扫描观测/质量损失/线性极化

续表

年份和学者	构件尺寸	研究对象	锈蚀方式	传感器类型	声发射参数分析	锈蚀评价准则
2022，Deng 等[28]	中比例尺模型	预应力混凝土	加速锈蚀	谐振式 R6i	累积计数/强度分析	半电池电位法/视觉、电镜扫描观测/质量损失
2023，Wang 等[29]	中比例尺模型	预应力混凝土	加速锈蚀	谐振式 R6i	累积计数/强度分析	半电池电位法/视觉、电镜扫描观测线性极化

1.8　基于声发射技术的混凝土结构损伤劣化评价方法

进行声发射信号处理和分析的主要目的包括：①确定声发射源的部位；②分析声发射源的性质；③确定声发射信号发生的时间或荷载；④评定声发射源的级别或材料损伤的程度。最终确定被检测结构上是否有活性缺陷。声发射技术数据分析流程如图 1.2 所示，通过该流程图我们可以对声发射技术的应用和数据分析方法进行全面的了解。声发射技术在混凝土损伤劣化的评价主要包括损伤定位、声发射源分析和混凝土结构损坏程度评定。下面针对这三个方面的最新进展进行讨论。

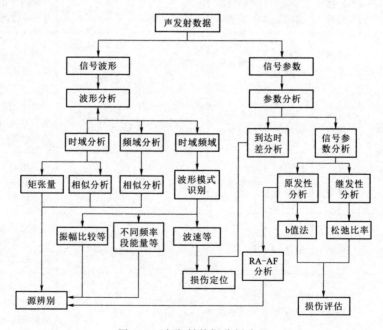

图 1.2　声发射数据分析流程

1.8.1 损伤定位

为了准确获得声发射事件的源坐标，在声发射分析中需要进行声源定位。实践中，声发射源定位技术有多种方法可以在多个维度中获得所需的源坐标。声发射源定位技术的主要来源是地震源定位。声发射的源位置由起始时间（破裂的起始时间）和笛卡儿坐标 (x_0, y_0, z_0) 的源位置定义。纵波（P-波）的起始时间是每个传感器的弹性波的首次到达时间。准确的起始时间取决于起始定义本身，并且可以通过手动或自动选择算法来实现。自动触发是非常有必要的，因为通过每一个测试记录声发射信号的数量达到几千以上。使用振幅阈值选择器是最简单、最常见的选择声发射信号方式之一。

区域或一维定位方法是确定一维结构声源最简单的方法。这种方法经常用于监测建筑物和管道等大型建筑物。在这个方法中，传感器应该安装在结构表面的宽阔区域或者集中在最关键的位置。如果声发射信号被一个传感器记录，技术人员应该检查附近的区域是否有泄漏或裂缝。

平面定位技术应用于二维结构，在二维结构中，结构的厚度与被测对象的长度相比较小，而源坐标仅需要两个方向。定位过程中三个未知数（两个源坐标和时间）必须确定，因此至少需要三个传感器进行记录。

许多专家在土木工程领域采用了三维定位方法。该原理与地震学确定地震震源的方法非常相似，并利用地震记录在多个地震仪的地震到达波。这些算法可以被修改以适应材料测试的要求，并且除了考虑传感器的数量和它们在物体周围的排列之外，还可以研究不同的样本几何图形。3D 定位问题准确地确定了四次旅行时间，以计算事件的三个坐标和源时间。基于德国地震学家的思想，他们使用了第一波和第二波到达时间，压缩波（P 波）和剪切，这是一种用于确定三维定位的常用方法。需要注意的是，每个传感器的弹性波的第一次到达时间是压缩波（P 波）的开始时间。如果剪切波（S 波）的出现是可以探测到的，那么可以将这些信息与 P 波的开始结合起来使用。然而，识别 S 波通常并不容易，特别是当源和接收机之间的距离只是几个波长时。

1.8.2 声发射源分析

成功声发射监测的另一个主要问题是区分源的性质。常用有两种不同的基于波形和参数分析的方法。第一种为矩张量分析法，该方法发展自结构材料的抗震工程应用。后一种方法（基于参数的分析法）对信号参数来进行分析，包括上升时间、振幅、平均频率等。

1. 矩张量分析法（MTA）

矩张量分析法（MTA）是一种基于声信号的裂缝机理识别的后处理分析方

法。已知与声发射生成有关的裂缝机理包括裂缝动力学和裂缝运动学。裂缝动力学可以通过反褶积分析来确定，但值得注意的是，MTA 仅在有限的案例中成功应用。为了阐明这一问题，提出了一种改进矩张量分析的实用程序，称为简化的格林函数（simplified Green's function）。由于混凝土内部微裂缝具有重要的意义，因此需要对这种缺陷进行分析和鉴定，以保持结构的完整性。这种改进力矩张量分析法涉及单个微裂缝的大小、方向、裂缝分类、位置和断裂模式等，是一种相对复杂的方法。

在已有文献中广泛讨论了裂缝运动学、裂缝分类和裂缝体积计算的 MTA 公式。在矩张量分析中，裂缝类型分为拉伸模式、剪切模式和混合模式。由于对剪应力作用下裂缝产生和生长的认识对于钢筋混凝土构件结构完整性的评价尤其重要，矩张量分析可以为定量分析混凝土裂缝行为发挥重要作用。然而，并不是所有记录的波形都适用于矩张量分析，大多数矩张量分析只是针对素混凝土材料或砂浆试块，很少涉及钢筋混凝土结构构件，因为钢筋混凝土试件有钢筋、裂缝、边界等因素的影响。由于源位置的确定需要准确的到达时间差异值，这需要理想的结构，否则容易导致分析故障，因此只有很小百分比的记录波形集适用于 MTA 分析。

2. RA-AF 关联分析法

在某些情况下，矩张量分析的应用可能不是最合适的方法。最主要的原因可能是探测每个破裂事件所需的最小传感器数量（至少 6 个）不足。由于事先不知道裂缝位置，传感器必须均匀分布，以覆盖最大的材料表面积。这个问题在像桥梁这样的长结构中是无可克服的障碍。日本建筑与材料协会（JCMS）推荐了一种监测钢筋混凝土结构裂缝扩展的方法。该方法基于两个声发射参数进行分析，即"平均频率（AF）"和"RA"值，它们的定义为

$$RA = (上升时间)/(峰值频率) \tag{1.1}$$

$$AF = (振铃计数)/(持续时间) \tag{1.2}$$

RA Value-Average Frequency（RA-AF）关联分析法考虑传感器被放置在一条直线上，可以尽可能多地覆盖结构的尺寸和长度。这个位置只允许损伤区域的线性位置，但不适合矩张量分析法（MTA）。因此，基于少量传感器的信息，引入了相对简单的分类模式，以利用信号参数来表征裂缝模式的特征。考虑到不同裂缝扩展事件之间的类比，推断出每个特定类型的裂缝可能有不同的特征。裂缝的固有拉伸引起裂缝两侧的运动，从而导致声发射波形具有短的上升时间和高频。在不同的剪切类型中，通常出现较长的波形，从而导致信号频率较低且上升时间较长。这可能是由于能量大部分以剪切波的形式传递，因此，与最初的纵向到达相比，波形的最大峰值延迟相当大。在许多研究中已经证明了这一点，特别是混凝土介质、纤维复合材料和岩石。综上所述，RA-AF 分

析法可以将拉伸裂缝与剪切型裂缝区别开来。然而，在最近的研究中，这一方法得到大量的研究，新的研究结果认为纯拉伸裂缝在最终失效和破裂时期可能产生重大影响。

根据 JCMS，基于 RA 值和 AF 值的关系，声发射源可以分为拉伸裂缝和剪切裂缝。然而，两个参数之间的坐标比例并没有一个清晰的界定标准。实际上，声发射测量的是非线性相对独立的随机数据。因此，需要发展一个更加有效的分类算法，对数据的分布规律进行统计。本书第 4 章将采用一种基于高斯混合模型（GMM）的新概率统计方法，对声发射数据分布特性进行分析，将声发射源划分成两类较为显著的群集：剪切和拉伸。

1.8.3　混凝土结构损坏程度评定

国内外许多研究人员试图应用声发射技术对钢筋混凝土结构的损伤程度进行评估。为了评估损伤，共有下面 5 种常用方法：①Yuyama 等和 Ohtsu 等关联了 Calm 比与 Felicity 比，形成了声发射监测应用的测试标准（NDIS – 2421）；②基于 Pollock 提出的 b 值理论，由 Ohtsu，Watanabe，Colombo 等修正了该方法。③由 Fowler 等提出，采用了历史指数与严重性指数（强度分析），该方法被 Golaski 等应用于混凝土桥梁领域，测量了劣化程度，并应用于得克萨斯州交通监测部门的全尺寸预应力混凝土梁。④Colombo 等提出应用松弛比来确定混凝土桥梁残余强度，该方法是基于声发射测试的卸载阶段正常释放声发射能量的理论，该现象被认为是结构损伤的一个标志。⑤由 Ziehl 和 Ridge 所推荐的"累积信号强度比"，该方法分析了纤维增强钢筋混凝土梁的损伤程度，评估了 Kaiser 效应和 Felicity 比，与劣化程度的增长呈正关系。该方法改进了方法①，根据撞击次数来计算 Calm 比和 Felicity 比，而在方法①中，Calm 比是根据在加载、卸载过程中的总撞击次数来确定的，由于撞击的次数并不能区分信号的弱和强，所以该方法通过考虑信号强度来进行修正。

1.9　声发射技术在锈蚀混凝土柱中的应用

声发射检测方法已被用于表征增强聚合物梁的损伤过程，并与其他方法（即数字图像相关、数值模拟、谐振频率分析）结合用于无损检测分析。采用声发射技术对钢桥的疲劳裂缝扩展进行了表征。结合电磁和中子发射方法，声发射技术也被用于研究低震级地震。声发射检测方法也被用于评估预应力混凝土梁和桩的损伤。最近，研究人员利用声发射技术，通过改进的集成人工神经网络分析方法来确定桥梁上的车辆荷载。此外，声发射技术也被用于检测混凝土中的其他类型的损伤，如碱-硅酸反应、冻融损伤等。

声发射技术已广泛应用于混凝土结构的损伤表征、评价和评估，然而，以往使用声发射检测方法的研究仅限于非钢筋混凝土试件或无腐蚀的钢筋混凝土结构。人们普遍认为，钢筋的腐蚀是导致耐久性恶化的主要原因，在役钢筋混凝土结构通常会受到荷载和腐蚀条件的影响。毫无疑问，腐蚀过程对开裂机理有相当大的影响。虽然以往的研究已经表明了利用声发射方法研究钢筋混凝土结构腐蚀过程的可能性，但利用声发射技术研究钢筋混凝土结构腐蚀损伤过程的文献很少。基于声发射技术检测方法的机制为钢筋混凝土结构裂缝成核和发展监测提供了关键解决方案。但是，数据处理和解释的方法仍然具有挑战性。目前广泛使用的解释裂缝声发射信号的方法是 RA - AF 方法。近年来，学者提出了一种新的方法，称为高斯混合模型（Gaussian mixture model，GMM）分析方法，用于翻译声发射信号，帮助研究人员进行决策。在第 4、第 6 章中，介绍了 RA - AF 法和 GMM 法，也介绍了 GMM 模型的建立和实现方法。

RA - AF 分析方法由日本混凝土研究所（JCI）提出，并在 JCMS - Ⅲ B5706 中进行了标准化。在该方法中，参数 RA［式（1.1）］定义为声发射事件上升时间与幅值的比值（μs/V），如图 1.3 所示，参数 AF［式（1.2）］定义为声发射撞击振铃计数与持续时间的比值（kHz）。

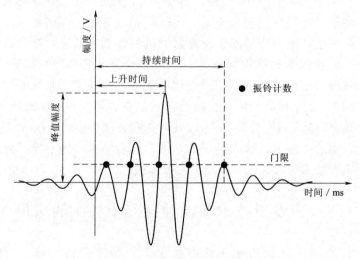

图 1.3　一个典型的含参数的声发射波形

根据上述定义方法，RA 值与 AF 值之间的关系可用于确定 AE 源的裂缝类型。混凝土加载破坏的声发射源可分为拉伸裂缝和剪切裂缝如图 1.4 所示。拉伸裂缝的固有伸长引起裂缝的横向运动，产生短时间高频 AE 波形，如图 1.4（a）所示；相反，在剪切裂缝的发展过程中，通常会出现较长的波形，导致较低的频率和较长的上升时间，如图 1.4（b）所示。其原因可能是，更大一部分能量以剪切波的形式传递，其速度较慢，因此，与最初到达的纵波相比，波形的最大峰值明显延迟。在混凝土、岩石和纤维复合材料等多种材料的研究中，都观察到了 AE 波形的这些特征。通过这两个指标，裂缝的分类如图 1.5 所示。值得注意的是，这种分类应该基于至少 50 个振铃计数。

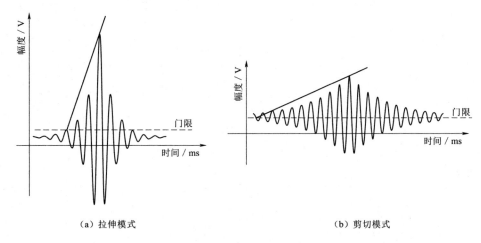

（a）拉伸模式　　　　　　　　　　　　（b）剪切模式

图 1.4　拉伸裂缝和剪切裂缝的 AE 波形模式

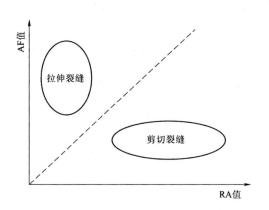

图 1.5　RA‑AF 分析方法对拉伸裂缝和剪切裂缝的分类

然而，RA‑AF 分类方法在剪切裂缝和拉伸裂缝之间没有明确定义的标准。此外，RA‑AF 分类建议将拉伸和剪切裂缝相关的声发射数据分开的一条线精确地穿过图 1.5 中的原点，RA 和 AF 的比例无法确定。因此，需要 RA 和 AF 的最佳比例进行分析。事实上，声发射测量大多是随机分布的数据，通常是非线性可分的。换句话说，固体在外力作用下的开裂过程是随机的。对于定义良好的裂缝分类方法，需要一种更直接的分析算法。

综上所述，目前的知识空白是如何利用声发射技术准确识别钢筋混凝土结构的腐蚀裂缝类型。因此，在下文中，对设计腐蚀程度为 10% 的钢筋混凝土柱进行了不同偏心水平的压缩。在压缩试验过程中，采用声发射法采集声信号，测定并比较 RA - AF 分析和 GMM 分析结果，提出一种基于 GMM 图的裂缝类型分类方法。

第 2 章

基于声发射技术的混凝土试块
损伤劣化规律研究

2.1 混凝土试块受压破坏机理

现代施工方法、技术的进步要求一个工程在能保证施工质量的前提下尽量地缩短施工时间，这就要求混凝土在早期能承受一定的外加荷载。但是相对于早龄期混凝土较低的强度，这些外加荷载还是较高的。那么，早龄期混凝土在这些荷载作用下，会不会破坏，会不会受到损伤呢？即使当时没有破坏，但对它后期的各项性能会不会产生不利影响呢？假设受到损伤，如果后期给予较好的养护，其性能能不能得到恢复呢？这些都是利用混凝土早龄期性能之前应该了解的特性，应该给予足够的重视。

混凝土是由水泥、砂、石子加水拌和而成的人工石材。水泥水化后经凝结、硬化，形成水泥石。水泥石由凝胶体、晶体、未水化的水泥颗粒及毛孔组成。水泥石中的晶体和砂、石等骨料组成混凝土中的弹性骨架，主要承受外力，并使混凝土在承受外力时表现为弹性变形的特征。在初凝过程中，由于水泥石的收缩、泌水和骨料的下沉等原因，在骨料与水泥石接触的局部界面上产生细微的黏结裂缝，同时，水泥石中也存在一些细微的裂缝，这些统称为混凝土内部的微裂缝。当混凝土受外力作用时，由于微裂缝发展以及水泥石中凝胶体的黏性流动，使混凝土又具有塑性变形的特征，并起着调整和扩散内部应力的作用。

国内外大量试验研究表明，微裂缝的存在和发展对混凝土的受力性能和受力破坏起着重要的作用。

混凝土微裂缝发展如图 2.1 所示。当混凝土试件的应力较小时（$\sigma_c \leqslant 0.3f_c$，$f_c$ 为轴心抗压强度），混凝土的变形主要是弹性骨架受力后的弹性变形。此时，水泥石中凝胶体的黏性流动很小，微裂缝也无多大变化。

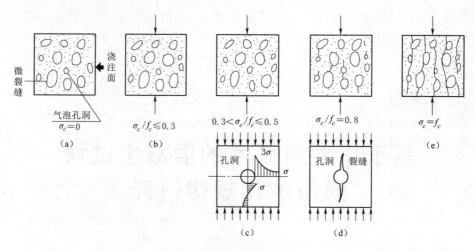

图 2.1　混凝土微裂缝发展

随着压力的增大，凝胶体的黏性流动也逐渐增大，同时裂缝也开始发展变化，这就形成了混凝土的塑性变形。此时微裂缝的发展变化表现为两方面：一方面是原有与受力方向平行的初始微裂缝伸长和变宽，甚至部分连接；另一方面，在混凝土内部的水泥石中，由于气泡和水分溢出形成的孔洞产生应力集中，还会产生新的微裂缝。此时，试件的外观表现为横向变形加速。一般当应力 $\sigma_c \leqslant 0.5 f_c$ 时，微裂缝的发展变化还是个别和分散的细微裂缝，处于稳定状态，即当应力增加时，微裂缝才发展；当应力不再增加时，微裂缝也维持原状不再继续发展。

当应力增大至 $\sigma_c = 0.8 f_c$ 时，微裂缝的发展在混凝土的变形中起着主要作用。应变比应力增长更快，骨料界面上的黏结微裂缝和水泥石内部的微裂缝已连成通缝，并且发展成为不稳定状态，此时，即使应力不再增加，微裂缝仍将继续不断发展。最后混凝土被分割成若干小柱体而破坏。随着应力增加至极限强度 $\sigma_c = f_c$ 时，内部微裂缝发展为试件表面的纵向裂缝，此时，骨料与水泥石之间的黏结遭到破坏，混凝土剥落，试件被压坏。

综上所述，当试件中压应力在其极限强度的 20%～30% 时，试件从弹性变形过渡到塑性变形，该区域相当于混凝土材料的塑性变形点，当压应力超过其极限强度的 80% 左右时，微裂缝已进入不稳定状态，试件到达损伤阈值，此时即使维持该应力不变，经过一段时间后，试件亦将破坏。

早龄期混凝土内水泥的快速水化使混凝土强度得到快速发展，混凝土材料的强度发展及损伤对服役期混凝土材料的性能有较大的影响，混凝土材料性能的发展伴随着材料强度自身的发展以及施工损伤的形成，因此混凝土材料损伤的形成以及与胶凝材料水化硬化的相互影响将是需要关注的焦点之一。如果要考察荷载损伤混凝土在何时加载、荷载大小对其后期性能发展产生的影响，就可以选择不同的加载龄期和不同大小的外加荷载进行试验。本章拟将加载龄期，加载力以及不同矿物掺合料作为影响因素，来考察荷载作用下混凝土的声发射特性。

本章设计 3 组共 135 个试件，通过对经历不同加载龄期、加载力的混凝土材料进行轴心受力试验，对 C35 三种配合比混凝土试块单轴压缩条件下的声发射性能进行对比研究。通过声发射信号参数经历分析、参数分布分析和参数关联分析三种方法对钢筋混凝土时变损伤及损伤劣化规律进行探索和研究。

2.2 混凝土试块受压试验研究

在大多数的工程结构中，混凝土材料主要是按照受压状态设计的。为了探明混凝土材料的时变损伤及损伤劣化破坏机理，对混凝土材料受压状态下的声发射性能进行深入研究显得尤为重要。金贤玉、沈毅等研究了混凝土早龄期受力对后期性能的影响，本节利用不同配合比的混凝土试件考虑不同加载龄期和加载力的情况下进行单轴抗压试验，来考察荷载作用下混凝土的声发射特性和荷载对后期性能的影响。当养护龄期超过 60d 时，混凝土强度增长缓慢，但本章考虑混凝土早期受载对混凝土后期性能的影响，将考察龄期延至 270d。基于三种不同的参数分析的方法，对混凝土的声发射特性进行研究和分析，采用振铃计数、撞击计数、能量、持续时间、幅度及峰值频率等参数予以描述。

2.2.1 试验设计

本书试验选用国家自然科学基金重大国际合作项目（51320105013、51478419、51578497）统一配合比中典型的普通混凝土和掺矿物混合料混凝土，分别记为基准（A）、35FK－1（B）和 35FK－2（C），强度等级 C35，抗渗等级 P10。混凝土配合比见表 2.1。

表 2.1   混 凝 土 配 合 比   单位：kg/m^3

混凝土编号	普通水泥（42.5）	磨细粉煤灰（Ⅱ级）	磨细矿渣粉（S95 级）	河砂（2.3～2.6mm）	碎石（4.75～31.5mm）	聚羧酸高效减水剂 PCA®	水
基准（A）	372	0	0	698	1116	3.71	175
35FK－1（B）	242	56（15%）	74（20%）	698	1116	3.71	175
35FK－2（C）	223	56（15%）	93（25%）	698	1116	3.71	175

注 原材料应满足标准规范要求。

　　全部三个配合比混凝土共设计浇注了试件共 135 个（图 2.2），每个配合比按 3d、5d、7d、14d 和 28d 受载龄期分成 5 组，每组混凝土试件由 9 块混凝土试块组成。立方体试块的尺寸为 100mm×100mm×100mm，采用钢模浇筑成型，采用强制式混凝土搅拌机搅拌，由振动台振动密实。试件在浇筑 24h 后脱模，并随即进行标准养护，养护温度为 20℃，养护湿度为 95%。

图 2.2　混凝土试块

2.2.2　试验设备

　　对混凝土试块进行不同龄期分级加载单轴压缩声发射试验，要用到压力加载系统即上海新三思 60T 万能试验机，DS2-8B 声发射仪，除此之外还需要一台计算机连接声发射信号仪。三者组成一个系统，如图 2.3 所示。

　　目前，声发射检测仪器按最终存储的数据方式可分为参数型、波形型及混合型。参数型声发射仪最终存储的是到达时间、幅度、计数、能量、上升时间、持续时间等声发射波形信号的特征参数数据，数据量小，数据通信和存储容易，但信息量相对波形数据少。波形型声发射仪最终存储的是声发射信号波形数据，数据量大，是特征参数数据的上千倍，信息丰富，对数据通信和存储要求高，图 2.4 是典型声发射仪器的功能框图。

　　本试验采用北京软岛时代科技生产的 8 通道 DS2-B 系列增强型全信息声发射检测系统来动态跟踪单轴压缩过程中微裂缝的开裂和扩展全过程，该系统可

图 2.3　试验系统照片

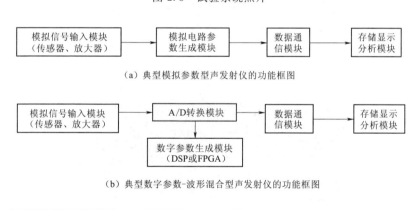

（a）典型模拟参数型声发射仪的功能框图

（b）典型数字参数-波形混合型声发射仪的功能框图

（c）典型全波形型声发射仪的功能框图

图 2.4　典型声发射仪器的功能框图

完整采集混凝土梁断裂声发射试验过程中的所有信号，可以看清每一个点的波形、参数、包络图，每一个点的数值、定位点等功能，连续采集时间长短取决于硬盘容量，采集速度大约为每小时 180GB 的数据。试验采取 8 通道连续采集，其通道门限设定为 40dB。所采用的声发射传感器为 RS－2A 型，频率范围是 50～400kHz，多通道同步采集，前置放大器增益为 40dB，传感器表面与试件表面的声耦合剂采用高真空脂，DS2－B 系列 8 通道增强型全信息声发射检测系统如图 2.5 所示。

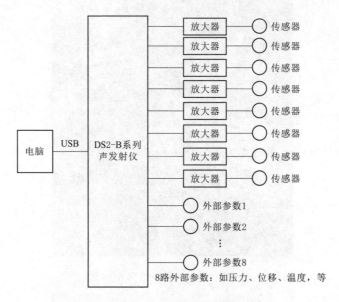

（a）系统连接示意图

（b）系统主机

图 2.5　DS2－B 系列 8 通道增强型全信息声发射检测系统

　　试验时将 8 个 RS－2A 传感器用硅胶粘贴于混凝土试块的表面，采集加载破坏全过程的信号，通过分析信号特性来确认声发射源的性质。试件大小及声发射传感器位置建模如图 2.6 所示，其传感器探头在试验过程中试件上的布置如图 2.7 所示。

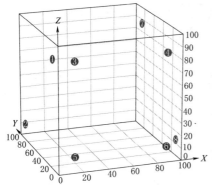

试件大小及传感器位置					X:mm	Y:mm	Z:mm
	X:mm	Y:mm	Z:mm	试件尺寸	100	100	100
1#	0	10	90	☑使用	9#	81	91	101	□使用
2#	0	90	10	☑使用	10#	82	92	102	□使用
3#	10	0	90	☑使用	11#	83	93	103	□使用
4#	90	0	90	☑使用	12#	84	94	104	□使用
5#	10	0	10	☑使用	13#	85	95	105	□使用
6#	90	0	10	☑使用	14#	86	96	106	□使用
7#	100	90	90	☑使用	15#	87	97	107	□使用
8#	100	10	10	☑使用	16#	88	98	108	□使用

图 2.6 声发射传感器布置

图 2.7 声发射探头在试件上的布置

2.2.3 加载方式

本试验通过测试混凝土试块在不同龄期受荷经历后养护至龄期 270d 的抗压强度及其他性能，来研究混凝土早期受力对后期性能的影响。试验中，采用三种不同配合比混凝土来分析和比较三者的异同。在龄期分别为 3d、5d、7d、14d和 28d 时，在混凝土立方体试块上施加一定的静力，分别为混凝土当时强度的20％、50％、80％，持荷，卸载后，将三种试件放在养护室养护，以考察养护条件对混凝土自愈能力的影响。将这些混凝土试件养护至 270d，测其力学性能和声发射特性。在实验中，每组混凝土试件都有参照试件，具体加载方式见表 2.2。

表 2.2　　　　　　　　　　　**加　载　方　式**

混凝土编号	混凝土受载龄期及荷载大小				
	3d	5d	7d	14d	28d
A	$20\%f_3$	$20\%f_5$	$20\%f_7$	$20\%f_{14}$	$20\%f_{28}$
	$50\%f_3$	$50\%f_5$	$50\%f_7$	$50\%f_{14}$	$50\%f_{28}$
	$80\%f_3$	$80\%f_5$	$80\%f_7$	$80\%f_{14}$	$80\%f_{28}$
B	$20\%f_3$	$20\%f_5$	$20\%f_7$	$20\%f_{14}$	$20\%f_{28}$
	$50\%f_3$	$50\%f_5$	$50\%f_7$	$50\%f_{14}$	$50\%f_{28}$
	$80\%f_3$	$80\%f_5$	$80\%f_7$	$80\%f_{14}$	$80\%f_{28}$
C	$20\%f_3$	$20\%f_5$	$20\%f_7$	$20\%f_{14}$	$20\%f_{28}$
	$50\%f_3$	$50\%f_5$	$50\%f_7$	$50\%f_{14}$	$50\%f_{28}$
	$80\%f_3$	$80\%f_5$	$80\%f_7$	$80\%f_{14}$	$80\%f_{28}$

注　f_3、f_5、f_7、f_{14}、f_{28} 分别为 3d、5d、7d、14d 和 28d 龄期混凝土立方体抗压强度。

2.2.4　试验步骤

结合本试验的研究内容，确定试验方法和步骤，具体过程如下：

（1）按混凝土试件成型和养护方法的有关规定制作和养护试件，并对试件进行编号。

（2）试件在试验前应擦拭干净，测量尺寸并检查其外观试件的尺寸精确至 1mm，并据此计算试件的承压面积，如实测尺寸与公称尺寸之差不超过 1mm，可按公称尺寸计算。将试件两端承压面用砂轮进行打磨平整，承压面与相邻侧面的不垂直度不应大于 ±1°。

（3）先在加载试验前对试件进行声速标定，再将试件放置于试验机上。仔细调整其在试验机上的位置，对其中心与下压板的中心，进行几何对中，调整试验机上压板的位置，使其与试件轻微接触。

（4）将声发射传感器粘贴在试件上（图 2.7），耦合剂采用高真空脂，轻轻敲击试件，确信仪器的接收和连接状态良好。

（5）建立声发射记录文件，设置加载方案、检测通道及参数。声发射参数根据实验条件进行设置：信号门限设为 40dB，前置放大器和主放大器增益均为 40dB，滤波器带宽选为 0～400kHz，采样频率：3MHz，峰值鉴别时间 $50\mu s$，撞击鉴别时间 $200\mu s$，撞击锁闭时间 $300\mu s$。

（6）启动试验机进行预加载，观察试验是否正常。

（7）对试件施加一定的静力（分别为混凝土当时强度的 20%、50%、

80%），持荷，卸载后，将试件放在养护室养护，直至达到预设龄期后，对试件匀速加载，直至试件破坏，加载速率0.5MPa/s。

（8）每个试件加载完成后，抬起加压板，撤掉试件表面的传感器，对破坏后的试件拍照记录。

（9）试验结束并保存文件，将数据文件导出保存，供后期处理使用。

2.3 试验结果分析

2.3.1 混凝土单轴压缩破坏试验结果及声发射声速标定结果与分析

根据试验可得：不同的检测材料，其波速是不相同的。混凝土养护龄期不同，其波速也不相同。波的传播速度是与介质的密度和弹性模量密切相关的材料特性。声发射系统的源定位技术根据不同传感器接收声发射信号的时间差、距离差来确定缺陷位置，波速的大小直接影响定位的准确度。

三种不同配合比混凝土各个龄期的抗压强度以及声速断铅标定结果见表2.3，A组基准混凝土早期抗压强度增长较快，28d抗压强度值为43.1MPa，B组35FK-1混凝土和C组35FK-2混凝土早期抗压强度增长较慢，28d抗压强度值分别为30.5MPa和30.2MPa，A组混凝土和B组、C组混凝土之间的巨大差别说明掺矿物掺合料的B组和C组混凝土早期水化过程缓慢，而C组混凝土28d抗压强度略低于B组混凝土，是因为其磨细矿渣粉掺量（占胶凝材料25%）略高于B组混凝土（占胶凝材料20%），早期水化过程更为缓慢，需要二次水化来进一步提升混凝土强度。混凝土强度的增长正是混凝土内部微结构发展的外在体现。随着水化的进行，早期混凝土强度不断提高，内部自由水减少，毛细孔减少，水化产物不断填充内部微结构。不同龄期混凝土试块声速标定结果如图2.8所示，由图可得，三组混凝土声速主要集中在3200~4500m/s之间，声速增长和强度、龄期的增长保持一致。早期声速增长非常快，是因为混凝土早期强度发展迅速，水化进程快。三组混凝土声速非常接近，A组混凝土略高，相较而言没有强度发展的差异那么明显，说明早期混凝土强度不是决定声速的唯一要素，矿物掺合料的加入，填充了水泥之间的空隙，改善了混凝土的微观结构，提升了早期混凝土的声速。

在实际结构中，传播速度还受到材料类型、各向异性、结构形状与尺寸、内容介质等多种因素的影响，具有一定的不确定性，需要声速进行损伤定位时，建议实时测量。

表 2.3 不同龄期混凝土试块声速及抗压强度

混凝土编号	龄期/d	抗压强度/MPa	声速/(m/s)
A	3	14.8	3672
	5	23	3598
	7	27.3	3460
	14	33.6	3988
	28	43.1	4089
	270	49.5	4498
B	3	9.2	3395
	5	14.5	3598
	7	17.6	3748
	14	24.5	3911
	28	30.5	4388
	270	44.4	4089
C	3	8.4	3213
	5	14.8	3598
	7	18.6	3672
	14	24.9	4089
	28	30.2	4089
	270	47.2	4388

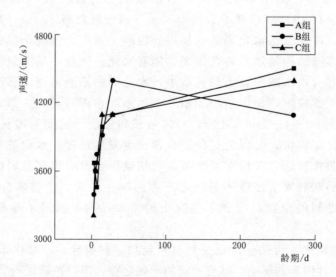

图 2.8 不同龄期混凝土试块声速标定结果

受荷试件和参照试件的抗压强度试验结果见表2.4，其中参照试件为28d强度值，受荷试件为经早期受荷后，后期养护至270d的抗压强度值，受压比率揭示了由于早期受压而引起的后期强度变化。混凝土试块试验结果和混凝土试块强度比率分别如图2.9和图2.10所示，横坐标所示的"X—XX％"表示在龄期为Xd承受当时极限强度XX％的混凝土试件。

表2.4　　　　　　　　　　　混凝土立方体试块单轴受压试验结果

加载龄期	极限强度	A 混凝土		B 混凝土		C 混凝土	
		270d 抗压强度/MPa	比率（受荷试件/参照试件）	270d 抗压强度/MPa	比率（受荷试件/参照试件）	270d 抗压强度/MPa	比率（受荷试件/参照试件）
3d	20%	41.3	0.9582	39.8	1.3049	41.8	1.3841
	50%	47.6	1.104	45.1	1.4787	43.1	1.4272
	80%	41.3	0.9582	42.5	1.3934	46.7	1.5464
5d	20%	42.5	0.9861	42.8	1.4033	38.8	1.2848
	50%	45.6	1.0580	38.5	1.2623	45.5	1.5066
	80%	41.5	0.9629	43.2	1.4164	46.6	1.5430
7d	20%	44.7	1.0371	40.2	1.3180	49.7	1.6457
	50%	49.4	1.1462	40.0	1.3115	48.2	1.5960
	80%	43.5	1.0093	49.7	1.6295	48.8	1.6159
14d	20%	46.8	1.0858	39.9	1.3082	50.2	1.6623
	50%	49.0	1.1369	41.2	1.3508	44.7	1.4801
	80%	50.5	1.1717	46.6	1.5279	51.7	1.7119
28d	20%	49.5	1.1485	42.8	1.4033	45.8	1.5166
	50%	46.8	1.0858	43.9	1.4393	41	1.3576
	80%	53.8	1.2483	40.1	1.3148	44.1	1.4603
参照试件（28d）		43.1	1.0000	30.5	1.0000	30.2	1.0000

　　从表2.4和图2.9可以看出，三组不同配合比混凝土试块早期受荷试件经后期养护至270d后，抗压强度发生了很大的变化。就A组基准混凝土试块而言，经后期养护后，抗压强度变化相对较小，在3d和5d龄期受荷试件，抗压强度值出现低于28d参照试件的情况，说明早期受荷对混凝土后期强度发展影响较大，7d、14d、28d龄期受荷对后期强度发展影响较小，随着受荷龄期的增加，后期强度增长成正比关系，说明不掺混合材料的基准混凝土受荷龄期越大越好。

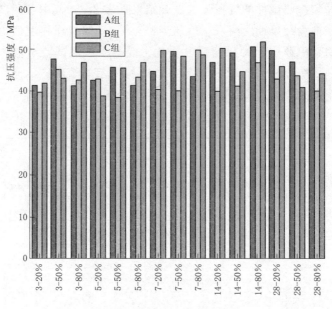

图 2.9　混凝土试块试验结果

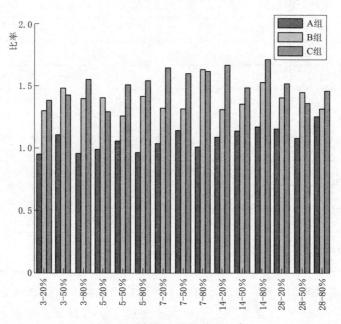

图 2.10　混凝土试块强度比率

就相同龄期不同受荷比例的比较而言，在 3d、5d、7d 龄期随着受荷比例的增加，后期强度随之增长，但在 80％的受荷比时，后期强度降低，在受荷龄期为 14d、28d，80％的受荷比依旧对强度起积极作用，说明早龄期基准配合比混凝土的损伤阈值不是一成不变的，随着受荷龄期的增长，损伤阈值随之变大。

同基准试件比较，B组和C组受荷试件经后期养护后，抗压强度变化较大，早期不同龄期受荷后，经后期养护，抗压强度增长明显，说明由于掺入了大量的矿物掺合料，早期受荷产生的裂缝经后期二次水化，达到了自愈效果，同时早期受荷使试件更为致密。随着受荷龄期的增加，后期强度略有增大，说明掺混合材料混凝土受荷龄期对后期强度的影响并不明显。就相同龄期不同受荷比例的比较而言，在3d、5d、7d、14d龄期随着受荷比例的增加，后期强度随之增长，但在受荷龄期为28d时，80％的受荷比时B组后期强度为40.1MPa低于20％受荷比的42.8MPa和50％受荷比的43.9MPa，C组80％受荷比时后期强度为44.1MPa，低于20％受荷比的45.8MPa，说明掺混合材料的混凝土在受荷龄期小于等于14d时，损伤阈值能达到当时极限强度的80％，当受荷龄期为28d时，损伤阈值低于80％。

从图2.10可得：A组基准混凝土3d和5d龄期受荷试件，其6个强度比率值中，有四个值低于1，说明对基准配合比混凝土来说早期受荷对混凝土后期强度发展影响较大，7d、14d、28d龄期受荷对后期强度发展影响较小，强度比率全部大于1，随着受荷龄期的增加，后期强度增长成正比关系，说明基准混凝土受荷龄期应大于7d，而且越大越好。同基准试件比较，B组和C组受荷试件经后期养护后，强度比率全部大于1，B组试件最小值为1.2623，最大值为1.6295，C组试件最小值为1.2848，最大值为1.7119，C组试件强度比率总体上大于B组。早期不同龄期受荷后，经后期养护，抗压强度增长明显，说明因掺入了大量的矿物掺和料，早期受荷产生的裂缝经后期二次水化，达到了自愈和增强的效果，后期强度比率明显高于基准试件，因C组矿物掺合料掺量高于B组，其强度比率略高于B组，说明矿物掺合料的掺量和强度比率成正比，矿物掺合料的加入对强度比率的提升效果明显，矿物掺合料对钢筋混凝土的损伤劣化改善效果明显。

2.3.2 混凝土单轴压缩破坏全过程中的声发射试验结果

C-18-80％单轴压缩过程中声发射试验结果如图2.11所示，包括8通道声发射波形全景图，撞击计数/振铃计数随时间变化图，能量/峰值频率随时间变化图，幅值与峰值频率关系图和声发射定位图。A-3-20％试块声发射信号特征参数数据列表（仅展示部分数据）见表2.5，包括信号到达时间、各个声发射信号参数、外参量等。列表数据可以直接用于观察和分析，本章将利用这些参数进行声发射信号参数经历分析、参数分布分析和参数关联分析。在压缩试验之前，先对不同龄期混凝土试块进行声速标定试验，并对该龄期混凝土试块抗压强度进行测定（表2.3），在对不同龄期混凝土试块（单块）进行单轴压缩的过程中，在进行声发射基本参数检测的同时，全程进行声发射信号的波形采集和应力应变观测。通过分析声发射基本参数与应力应变参量之间的关系，获得声发射源的信息，从而得到受载混凝土损伤劣化的时变规律。

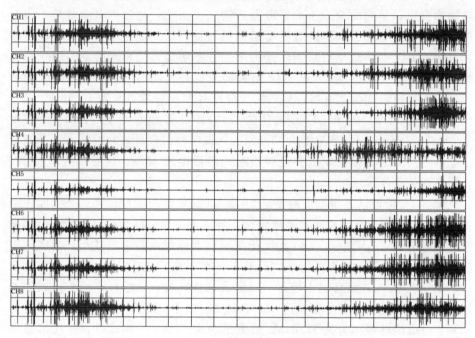

（a）8通道声发射波形全景图

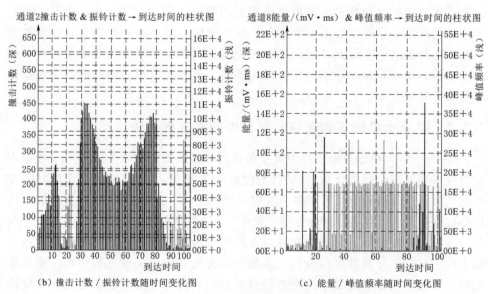

（b）撞击计数／振铃计数随时间变化图　　　（c）能量／峰值频率随时间变化图

图 2.11（一）　C-18-80％单轴压缩过程中声发射试验结果

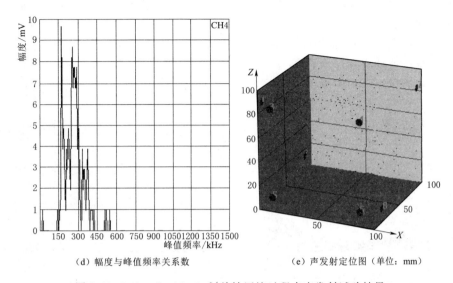

（d）幅度与峰值频率关系数　　　　　　　（e）声发射定位图（单位：mm）

图 2.11（二）　C-18-80％单轴压缩过程中声发射试验结果

表 2.5　　　　　　　　　　声发射信号特征参数数据表

通道号	到达时间	幅度 /mV	持续时间 /μs	上升时间 /μs	振铃 计数	上升 计数	能量 /（mV·ms）	RMS /mV	ASL /dB	撞击 计数	撞击 速率
4	0：00：17	68.97	697	29.67	55	5	8.25	16.94	41.46	1	63.61
2	0：00：17	95.83	529.67	27	52	5	5.82	17.25	40.81	1	38.14
3	0：00：17	113.22	827.33	19.33	60	4	7.6	14.51	39.26	1	33.82
5	0：00：17	88.5	763.33	50	60	7	8.19	15.32	40.61	1	45
4	0：00：17	86.98	1027	14.33	53	3	10.39	16.06	40.1	2	63.61

2.4　声发射信号参数经历分析

声发射参数经历分析方法是通过对声发射信号参数随时间或外变量变化的情况进行分析，从而得到声发射源的活动情况和发展趋势，最常用和最直观的方法是图形分析。采用经历图分析方法对声发射源进行分析可达到如下目的：①声发射源的活动性评价；②Felicity 和 Kaiser 效应评价；③恒载声发射评价；④起裂点测量。

A 试块早期受载混凝土 270d 单轴压缩过程中声发射信号随时间的变化经历图如图 2.12 所示，包括试块加压过程中应力和振铃计数随时间的变化图和声发射能量、总能量随时间的变化图。由图可得：A 试块在单轴压缩过程中的声发射特性基本可以分为初始、稳定和活跃三个阶段。由于混凝土早期受载龄期、

受载大小等条件不同,通过与图 2.12 的对比,对它们的分析,声发射活动具有以下规律:

(1) 龄期 3d 加压混凝土在单轴压缩情况下声发射振铃计数率出现两个峰值阶段,整体波动较大,全程都有一定的声发射信号产生。在能量、总能量随时间的变化图中,在初始阶段出现较大的应变能跃迁。

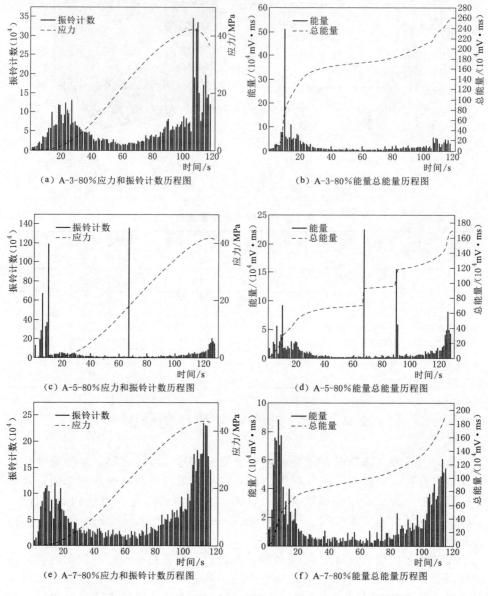

(a) A-3-80%应力和振铃计数历程图 (b) A-3-80%能量总能量历程图

(c) A-5-80%应力和振铃计数历程图 (d) A-5-80%能量总能量历程图

(e) A-7-80%应力和振铃计数历程图 (f) A-7-80%能量总能量历程图

图 2.12 (一) A 试块早期受载混凝土 270d 单轴压缩过程中
声发射信号随时间的变化经历图

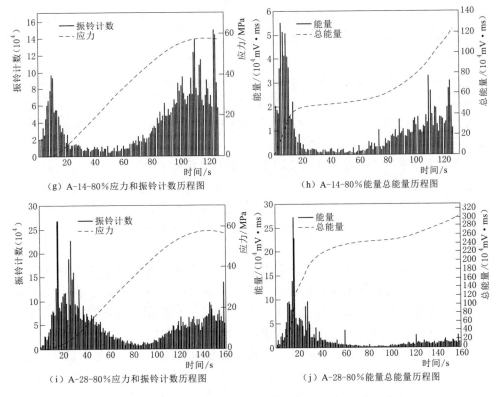

（g）A-14-80％应力和振铃计数历程图　　　　（h）A-14-80％能量总能量历程图

（i）A-28-80％应力和振铃计数历程图　　　　（j）A-28-80％能量总能量历程图

图 2.12（二）　A 试块早期受载混凝土 270d 单轴压缩过程中
声发射信号随时间的变化经历图

　　这是由于混凝土在养护 3d 时，水泥水化刚刚进入稳定发展期，水化不充分，混凝土依然处于不稳定状态。在此时进行早龄期加压，所施外力不仅将混凝土收缩裂缝压密，混凝土内部原有的微孔、隙微、缺陷在外荷载作用下逐步被压实，使其内部微结构发生变化，并且由于所施外力过大而超过损伤阈值，此时混凝土内部裂缝已由骨料和砂浆的界面裂缝发展至砂浆内部，且由稳定发展过渡到非稳定发展。这些大量的裂缝经长期自愈并未完全修复，在加载初始阶段再次贯通，图 2.12（b）中开始出现能量跃迁，未修复的裂缝降低了试块最终的有效承载面积而使后期能量强度有所降低。

　　（2）龄期 5d 加压混凝土在单轴压缩情况下声发射振铃计数率出现两个峰值阶段，整体波动较大，稳定阶段过程中间出现声发射振铃计数突变。在能量、总能量随时间的变化图中，在初始阶段后期和活跃阶段前期出现较大的应变能。

　　这是由于混凝土在养护 5d 时，水泥水化进入稳定发展期，但水化还不充分，混凝土依然处于不稳定状态。由于所施外力超过损伤阈值时而出现的损伤裂缝。这部分新裂缝没有像 3d 龄期试件那样发展到非稳定状态，经过长期养护后得到了一定的修复，因此在混凝土进行 270d 轴压时，能量跃迁点后移，分别在初始阶段末期和活跃阶段前期出现。

（3）龄期 7d、14d 加压混凝土在单轴压缩情况下声发射参数经历特征较为相似，振铃计数率出现两个峰值阶段，整体变化趋势较为平缓，稳定阶段明显，整体信号丰富，过程中间没有出现声发射振铃计数突变，说明早期加载未超过损伤阈值。在能量、总能量随时间的变化图中，在初始阶段和活跃阶段出现较大的应变能。

这是由于混凝土在养护 7d、14d 时，水泥水化进入稳定发展期，水化较为充分，混凝土处于基本稳定状态。由于所施外力过大而使混凝土内部形成了的新裂缝。新裂缝在后期养护过程中由于水泥的水化而得到了充分修复。因此在混凝土进行 270d 轴压时，能量跃迁再次后移，能量历程图中出现"双峰"现象。

（4）龄期 28d 加压混凝土在单轴压缩情况下声发射振铃计数率出现两个峰值阶段，整体变化趋势明显，稳定阶段短暂，较 14d 有所变短，过程中间没有出现声发射振铃计数突变，加载未超过损伤阈值。在能量、总能量随时间的变化图中，在初始阶段出现较大的应变能，活跃阶段应变能较小。

这是由于混凝土在养护 28d 时，水泥水化较为充分，混凝土处于稳定状态。在此时进行早龄期加压，所施外力主要将混凝土收缩裂缝压密，并且由于所施外力并未超过材料的损伤阈值，使混凝土内部并未形成大量除收缩裂缝之外的新裂缝。活跃期能量计数相对较小，初始阶段累积能量占比明显提高，能量历程图出现"单峰"现象。

综上所述得出以下结论：

（1）A 试块在单轴压缩过程中的声发射特性基本可以分为初始、稳定和活跃三个阶段，与传统的受压破坏机理保持一致。

（2）A 混凝土在 3d、5d 龄期时，损伤阈值小于 80%，在 7d、14d、28d 龄期的损伤阈值大于 80%。

（3）在受力方面，3d、5d 龄期受载试块最终强度较低，7d 受载试块在 45MPa 左右，14d、28d 受载试块强度在 50MPa 以上。说明早期加载越晚对混凝土的后期强度越有利。

（4）建议基准配合比 A 混凝土施工受荷龄期为 7d 以上，且越迟越好，荷载应小于当时强度的 80%。

B 试块早期受载混凝土 270d 单轴压缩过程中声发射信号随时间的变化经历图如图 2.13 所示，包括试块加压过程中应力和振铃计数随时间的变化图和声发射能量、总能量随时间的变化图。B 试块在单轴压缩过程中的声发射特性基本可以分为初始阶段、稳定阶段和活跃阶段。由于混凝土早期受载龄期、受载大小等条件不同，通过对它们的分析、对比，得出以下结论：

（1）B-3-80%试块和B-5-80%试块在稳定阶段出现能量跃迁，说明B混凝土在3d、5d龄期时，损伤阈值应小于80%，但因B混凝土掺入大量的磨细矿物掺合料，使其具有强大的损伤修复能力，根据上节对强度比率的分析，80%的受载比并未对其性能造成影响，因此认定其损伤阈值大于80%。图2.13（e）～（h）稳定阶段并未出现跃迁现象，说明B混凝土在7d、14d龄期的损伤阈值大于80%，但图2.13（j）稳定阶段出现跃迁现象，说明B混凝土在28d的损伤阈值开始下降。

（2）在受力方面，3d龄期受载试块最终强度较低，5d、7d、14d受载试块全部超过45MPa，28d受载试块强度又下降到45MPa以下。说明加载超过损伤阈值将严重影响混凝土的后期强度。

（3）综合上述两点，建议掺入大量的磨细矿物掺合料的B混凝土施工受荷龄期为5～14d，荷载应小于当时强度的80%。

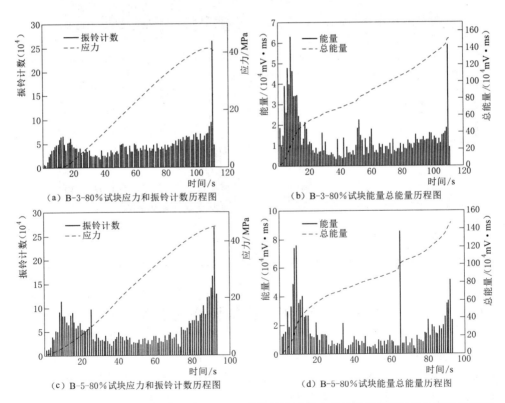

（a）B-3-80%试块应力和振铃计数历程图　　（b）B-3-80%试块能量总能量历程图

（c）B-5-80%试块应力和振铃计数历程图　　（d）B-5-80%试块能量总能量历程图

图2.13（一）　B试块早期受载混凝土270d单轴压缩过程中声发射信号随时间的变化经历图

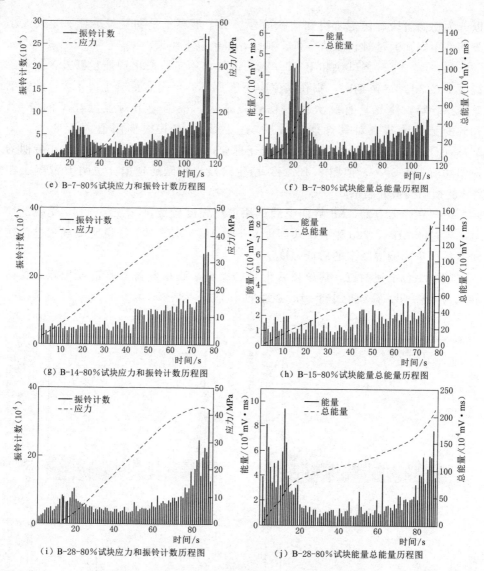

（e）B-7-80%试块应力和振铃计数历程图

（f）B-7-80%试块能量总能量历程图

（g）B-14-80%试块应力和振铃计数历程图

（h）B-15-80%试块能量总能量历程图

（i）B-28-80%试块应力和振铃计数历程图

（j）B-28-80%试块能量总能量历程图

图 2.13（二） B 试块早期受载混凝土 270d 单轴压缩过程中声发射信号随时间的变化经历图

2.5 声发射信号参数分布分析

声发射信号参数分布分析法是将声发射信号撞击计数或事件计数按信号参数值进行统计分布分析的方法。一般采用分布图进行分析，纵轴选择撞击计数或事件计数，而横轴可选择声发射信号的任一参数。横轴选用某一个参数即为该参数的分布图，如幅度分布、能量分布、振铃计数分布、持续时间分布、上升时间分布等，其中幅度分布应用最为广泛。分布分析可用于发现声发射源的特征，从而达到鉴别声发射源类型的目的，也经常用于评价声发射源的强度。本章通过初步分析，发现声发射撞击计数、幅度和混凝土材料三者之间的关联较弱，而声发射撞击计数、峰值频率和混凝土材料三者之间的关系密切，故在以下声发射信号参数分布分析过程中，选择撞击计数和峰值频率的分布图进行分析论述。

2.5.1 撞击计数和峰值频率分布图分析

通过 2.4 的分析可得，混凝土试块单轴压缩过程中的声发射特性基本可以分为初始、稳定和活跃 3 个阶段，但目前 3 个阶段并没有明确的划分，为了进一步对声发射信号进行参数分布分析，给出以下划分准则：

（1）在振铃计数历程图中，声发射信号从初始阶段转为稳定阶段的过程中，若出现连续两秒的振铃计数均值低于整个历程振铃计数的均值，则认为此时声发射特性从初始阶段开始进入稳定阶段。

（2）当声发射信号从稳定阶段发展到活跃阶段的过程中，若出现连续两秒的振铃计数均值高于整个历程振铃计数的均值，则认为此时声发射特性从稳定阶段开始进入活跃阶段。

A-7-80% 试块 270d 单轴压缩过程中撞击信号-峰值频率分布图如图 2.14 所示，图中（a）、（b）、（c）分别为初始阶段、稳定阶段和活跃阶段撞击信号-峰值频率分布图，由图可：在初始阶段声发射峰值频率撞击计数主要出现在 0～71kHz 之间，其间存在两个峰值，峰值频率分别在 12kHz 和 38kHz；稳定阶段声发射峰值频率撞击计数主要出现在 153～180kHz 之间，其峰值频率在 171kHz；活跃阶段峰值频率撞击计数主要出现在 153～180kHz 之间，其峰值频率为 171kHz，此外在峰值频率为 259kHz 也出现撞击计数峰值。

2.5.2 撞击计数和峰值频率损伤机制分析

当混凝土试块刚刚受力时，因试块与试验机接触开始产生声发射信号，随后混凝土内部原有的微孔、隙微、缺陷等裂缝通道元在外载作用下逐步被压实，使其内部微结构发生变化，此阶段对应初始压密阶段，与前面所述的实验结果相吻合，这些裂缝通道元包括：①氢氧化钙板状结晶的层间裂面；②相邻凝胶粒子外壳接触已破坏部分；③凝胶粒子内外包络面的径向裂面；④剩余未水化熟料核心的球面形裂面。而后进入稳定阶段，此时随着混凝土受载不断增加，这些裂缝通道源开始不断扩展，在扩展过程中又不断受到抑制，随着荷载的进一步增加，新的裂缝途径又在其他通道元出现，因此混凝土不会由一条临时裂

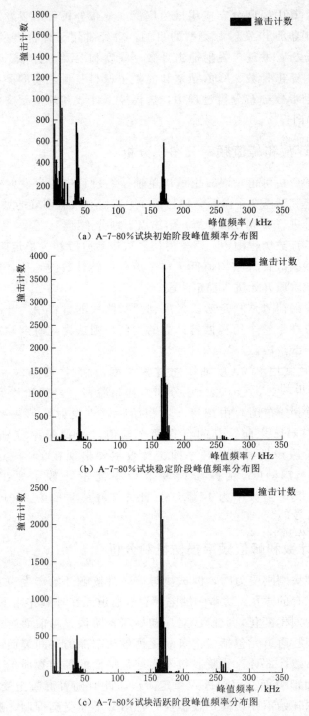

（a）A-7-80％试块初始阶段峰值频率分布图

（b）A-7-80％试块稳定阶段峰值频率分布图

（c）A-7-80％试块活跃阶段峰值频率分布图

图 2.14　A－7－80％试块 270d 单轴压缩过程中撞击信号-峰值频率分布图

缝而断裂,这时峰值频率在171kHz撞击累计计数不断增加,裂缝开始从较弱的硬化水泥浆体中的大孔或骨料与硬化水泥浆体的界面区开始扩展,混凝土内部裂缝已由骨料与砂浆间的界面裂缝发展至砂浆内部,且由稳定阶段过渡到活跃阶段。活跃阶段裂缝将继续扩展,深入砂浆内部,并相互结合形成大裂缝,当荷载超过临界值时,裂缝贯通成宏观裂缝,试件最终完全破坏。

取 (12±5)kHz、(38±5)kHz、(171±5)kHz 和 (259±5)kHz 为 4 个峰值频率区间,对初始阶段、稳定阶段和活跃阶段的撞击计数进行统计,见表 2.6。

表 2.6 峰值频率-撞击计数统计表

阶段	主要声发射源	不同峰值频率撞击计数				
		12 ± 5 /kHz	38 ± 5 /kHz	171 ± 5 /kHz	259 ± 5 /kHz	合计
初始阶段	试块与试验机接触;混凝土内部原有的空隙、隙微、缺陷被压实等	3858	2540	1939	16	8353
		46.19%	30.41%	23.21%	0.19%	100.00%
稳定阶段	混凝土内部的裂缝扩展	431	1724	11666	279	14100
		3.06%	12.23%	82.74%	1.98%	100.00%
活跃阶段	骨料与砂浆间的界面裂缝,砂浆内部的裂缝,骨料的断裂	413	1721	8302	475	10911
		3.79%	15.77%	76.09%	4.35%	100.00%

通过表 2.6 可知,初始阶段撞击技术主要集中在 12kHz 和 38kHz 附近;稳定阶段撞击技术主要集中在 171kHz 附近,活跃阶段撞击技术主要集中在 171kHz 附近,并且 259kHz 附近撞击计数明显增加。稳定阶段累积撞击计数最大,活跃阶段次之,说明损伤主要发生在稳定阶段和活跃阶段的裂缝开裂与扩展及宏观开裂。通过对基准配合比混凝土 A 试块单轴压缩的声发射撞击计数和峰值频率的分析、对比,结合纪宏广等、郭庆华等、王岩等和赖于树等对混凝土材料声发射信号的频率特征相关试验研究,得出以峰值频率 4 个特性区间来对应混凝土的损伤机制,即:

(1) 区间 I [(12±5)kHz]:撞击计数峰值出现在 12kHz,这是由于当混凝土试块刚刚受力时,因试块与试验机接触开始产生声发射信号。

(2) 区间 II [(38±5)kHz]:撞击计数峰值出现在 38kHz,这是由于混凝土内部原有的微孔、隙微、缺陷等裂缝通道元在外载作用下开始被压实。

(3) 区间 III [(171±5)kHz]:撞击计数峰值出现在 171kHz,这是由于裂缝通道元在外载作用下逐步被压实,使其内部微结构发生变化,随之初始压密阶段结束,开始进入稳定阶段,裂缝开始从较弱的硬化水泥浆体中的大孔或骨料与硬化水泥浆体的界面区开始扩展。

(4) 区间 IV [(259±5)kHz]:撞击计数峰值出现在 259kHz,混凝土内部裂缝已由骨料与砂浆间的界面裂缝发展至砂浆内部，混凝土损伤劣化逐渐由稳定阶段过渡到活跃阶段，这些裂缝将继续扩展，深入砂浆内部，并相互结合形成大裂缝，当荷载超过临界值时，裂缝贯通成宏观裂缝，试件最终完全破坏。

　　B 试块 270d 单轴压缩过程中撞击信号-峰值频率分布图如图 2.15 所示。图中 (a)、(b)、(c) 分别为 B-7-20％试块、B-7-50％试块和 B-7-80％试块的撞击信号-峰值频率分布图。从图中可以看出，3 种不同的 B 混凝土试块声发射峰值频率撞击计数同样具有 4 个峰值区间，说明混凝土声发射试验的峰值区间具有一定的普遍性，这对以后我们利用声发射信号特性预测损伤劣化程度具有重要的意义。

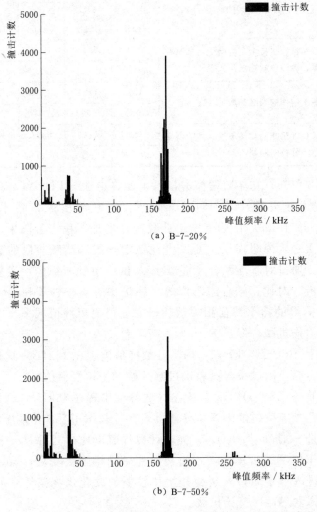

（a）B-7-20％

（b）B-7-50％

图 2.15（一）　B 试块 270d 单轴压缩过程中撞击信号-峰值频率分布图

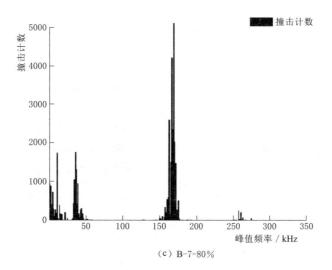

（c）B-7-80%

图 2.15（二） B 试块 270d 单轴压缩过程中撞击信号-峰值频率分布图

2.6 声发射信号参数关联分析

声发射信号参数关联分析方法也是声发射信号分析中最常用的方法，对任意两个声发射信号的波形特征参数可以作它们之间的关联图进行分析，其中二维坐标轴各表示一个参数，每个显示点对应于一个声发射信号撞击或事件。通过做出不同参量两两之间的关联图，可以分析不同声发射源的特征，从而能起到鉴别声发射源的作用。A－7－80%试块在单轴压缩过程中声发射信号参数的关联图和 B－7－80%试块在单轴压缩过程中声发射信号参数的关联图分别如图 2.16 和图 2.17 所示，由图可见关联图的特征如下：

（1）能量与幅度的关联图如图 2.16（a）、图 2.17（a）所示，由图可得：能量和幅值的关联特征不是很明显，而一个振动系统的能量是由系统的性质和振幅共同决定的，说明混凝土材料作为复合材料，其内部产生声发射来自不同的声发射源，声发射源种类较多，使能量和幅值的关联特征不清晰。

（2）峰值频率与幅度的关联图如图 2.16（b）、图 2.17（b）所示，由图中可以看出，峰值频率和幅值存在明显的关联关系，图中出现 4 个峰值频率的集中区间，结合上节的分析，说明混凝土中出现 4 种声发射源，图 2.16（b）中峰值频率在 38kHz 和 171kHz 附近幅值范围分别为 0～4000mV 和 0～8000mV，集中了大量的声发射信号，说明混凝土材料声发射源主要为两种，峰值频率分别 38kHz 和 171kHz 左右。

49

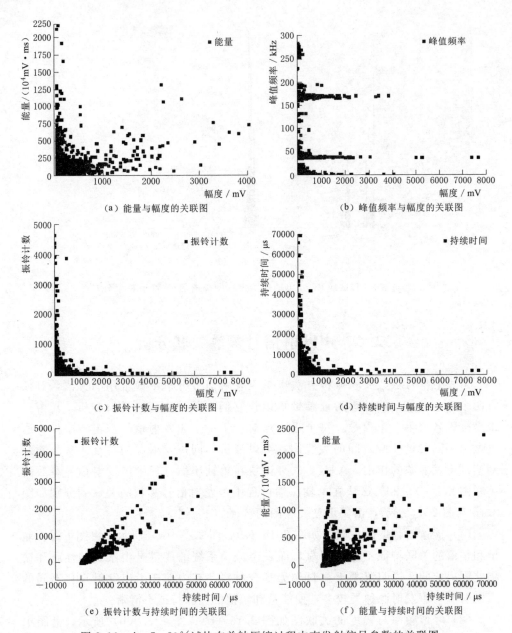

图 2.16　A-7-80％试块在单轴压缩过程中声发射信号参数的关联图

（3）振铃计数与幅度的关联图如图 2.16（c）、图 2.17（c）所示，由图中可以看出，振铃计数和幅值存在明显的关联关系，幅度高的振铃计数低，幅度低的振铃计数高，关联图的上边缘清晰，呈现幂函数的关系。试块 B 和试块 A 相比，幅度小于 1000mV 且振铃计数小于 500 的信号明显增多。

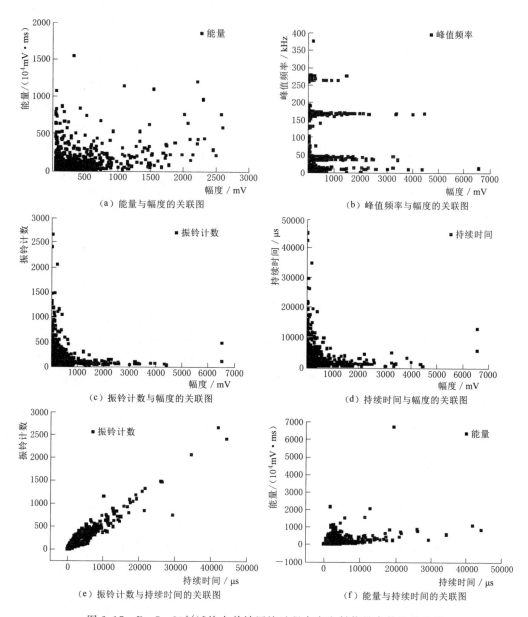

图 2.17 B-7-80％试块在单轴压缩过程中声发射信号参数的关联图

（4）持续时间与幅度的关联图如图 2.16（d）、图 2.17（d）所示，由图中可以看出，持续时间和幅值存在明显的关联关系，关联图的上边缘清晰，与振铃计数与幅度的关联图非常近似，呈现幂函数的关系，说明持续时间、振铃计数和幅度三者存在密切的关系。A 试块振铃计数在 0～5000 之间，持续时间在

$0\sim7000\mu s$ 之间，幅度在 $0\sim8000dB$ 之间；B 试块振铃计数在 $0\sim2500$ 之间，持续时间在 $0\sim4500\mu s$ 之间，幅度在 $0\sim7000dB$ 之间。

（5）振铃计数与持续时间的关联图如图 2.16（e）、图 2.17（e）所示，由图中可以看出，振铃计数和持续时间存在明显的线性关系，图 2.16（e）中试块 A 的振铃计数和持续时间关联图，存在两条线性关系曲线，斜率不同；图 2.17（e）中试块 B 的振铃计数和持续时间关联图，存在一条线性关系曲线。

（6）能量与持续时间的关联图如图 2.16（f）、图 2.17（f）所示，由图中可以看出，能量与持续时间的关联特征不是很明显，图 2.16（f）中试块 A 的能量和持续时间关联图，信号较为分散；图 2.17（f）中试块 B 的能量和持续时间关联图，信号较为集中，能量主要集中在 $0\sim2\times10^{7}mV\cdot\mu s$ 之间，持续时间在 $0\sim1000\mu s$ 之间。

2.7　本章小结

本章设计 3 组共 135 个试件，通过经历不同加载龄期、加载力的混凝土材料轴心受力试验，对 C35 三种配合比混凝土试块单轴压缩条件下的声发射性能进行对比研究，通过声发射信号参数经历分析、参数分布分析和参数关联分析对钢筋混凝土时变损伤及损伤劣化规律进行探索和研究，得到如下结论：

（1）三种配合比混凝土早期声速增长和强度、龄期的增长保持一致。早期声速增长非常快，早期混凝土强度不是决定声速的唯一因素，矿物掺合料的加入，填充了水泥之间的空隙，改善了混凝土的微观结构，提升了早期混凝土的声速。

（2）早龄期混凝土的损伤阈值不是一成不变的，和龄期、混凝土配合比关系密切。基准配合比试件 A 在 3d、5d 受荷对后期强度发展不利，7d 开始受荷对后期强度影响较小，甚至有一定的增益；随着受荷龄期的增长，损伤阈值随之变大，7d 开始损伤阈值大于 80%。试验配合比 B、C，因掺入了大量的矿物掺和料受荷龄期对后期强度的影响并不明显，在 3d、5d、7d、14d 龄期随着受荷比例的增加，后期强度随之增长，但在受荷龄期为 28d 时，损伤阈值随之变小。矿物掺合料的掺量和强度比率成正比，矿物掺合料的加入对强度比率的提升效果明显，矿物掺合料对钢筋混凝土的损伤劣化改善效果明显。

（3）混凝土单轴压缩过程中的声发射特性基本可以分为初始阶段、稳定阶段和活跃阶段，并给出了划分准则。试验混凝土试块单轴压缩声发射峰值频率可以分为4个频率区间来对应混凝土不同的损伤机制，即：区间Ⅰ [（12±5）kHz]、区间Ⅱ [（38±5）kHz]、区间Ⅲ [（171±5）kHz]、区间Ⅳ [（259±5）kHz]。这对以后利用声发射信号特性预测损伤劣化程度具有重要的意义。混凝土的性能和声发射特性与细观组成介质（骨料，水泥砂浆基体，砂浆与骨料的交界面，原有的微孔、隙微、缺陷等裂缝通道元）的性能密切相关。

第 3 章

基于声发射技术的混凝土梁
损伤动态突变模型

3.1　混凝土材料损伤破坏

在诸如岩石、混凝土、某些陶瓷等准脆性材料中，往往存在着大量弥散的微裂缝，微裂缝的形成、扩展和汇合对材料的力学性质产生显著的影响，将导致材料的逐渐劣化直至最后的断裂。混凝土材料被广泛地应用于人类生成实践已有上百年的时间，而人类与岩石打交道的历史与人类自身的历史几乎一样悠久，但人类早期对岩石的认识还是很肤浅的。随着人类文明的进步，人类对岩石、混凝土的利用和认识也不断深入。人类对此类准脆性材料的认识经历了从感性逐渐上升到理性的一个漫长过程，而且这一过程必将持续进行。

损伤和破坏是极为普遍的一类现象，多年来固体物理、材料科学、力学和工程界学者对混凝土、岩石等准脆性材料的变形和破坏研究极为关注，有关损伤和破坏方面的研究文献报道浩如烟海。但正如我国学者白以龙所言，"虽然对材料的损伤和破坏问题已进行了多年广泛的研究，但许多基本问题仍未解决，似乎可以认为它与湍流并列，堪称力学中最复杂、最困难的两大难题，也是非线性科学中两个重要范例"。因此，开展材料的损伤和破坏问题的研究具有重要的理论意义和工程实用价值。

混凝土等岩石类材料在变形破坏过程中始终不断地与外界交换着物质和能量，热力学状态也相应地不断发生变化。外力作用下，材料内部的微缺陷不断演化，从无序分布逐渐向有序发展，形成宏观裂缝，最终宏观裂缝沿某一方位汇聚形成大裂缝导致整体失稳（灾变）。从力学角度而言，它实质上是一个从局部耗散到局部破坏最终到整体灾变的过程。从热力学上看，材料的这一变形、破坏、灾变过程是一种能量耗散的不可逆过程，包含能量耗散和能量释放，而灾变瞬间是以能量释放为主要特征。"能量"这一参数贯穿于材料变形破坏的整个过程中，材料变形破坏实质上是能量耗散与能量释放的综合结果。因此，赵钟虎、谢和平等认为，从能量耗散与释放的观点研究岩石类材料的破坏，是可以从本质上把握材料变形和破坏的物理机理，寻找破坏的真正原因的捷径。近年来，国内外学者开展了不少这方面的研究，希望通过能量分析的方法来描述岩石类材料的变形破坏行为。以耗散结构论、协同学、突变论、混沌、分形等理论为代表的现代非线性科学的发展为人类认识客观世界提供了新的思维方式和解决问题的新方法，它们共同探索大自然中非线性及复杂性现象所遵循的客观规律性。

当今，声发射技术广泛应用于检测结构和材料的内部损伤，以实现对混凝土在不同加载情况下如弯曲、冻融循环、疲劳以及化学腐蚀作用下的损伤行为进行实时监测。其主要目的是确定声发射源的活性、强度、发生的部位和性质、事件发生的时间等，信号参数的处理是对材料内部损伤进行分析和结果评价的基础。目前常用的信号参数处理和分析技术有模态分析、频谱分析、小波分析、人工神经网络模式识别和灰色关联分析等处理技术。准脆性材料损伤演化过程如图 3.1 所示，材料损伤演化过程，本质上是材料通过自身能动的内在力学性

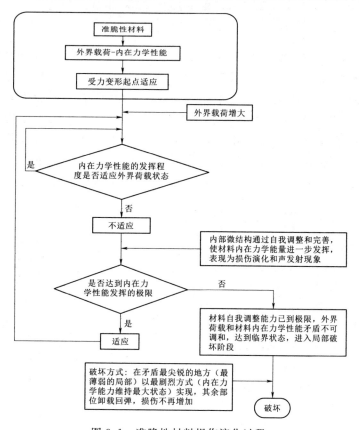

图 3.1　准脆性材料损伤演化过程

能发挥机制（表现为细观的微缺陷的萌生、扩展和声发射现象，逐渐劣化的宏观力学性能，即以"损伤"为代价），使潜在的适应能力进一步发挥，获得更高的抵抗外界荷载的能力（可以承受更大的有效应力），从而适应外界荷载环境变化的过程。

本章以预设裂缝的混凝土梁为试验研究对象，测试其三点弯曲状态下断裂过程中的声发射信号特征，通过声发射检测来动态跟踪微裂缝的开裂和扩展全过程，针对检测获得的声发射信号参数的特点，建立基于灰色系统理论和突变理论的混凝土损伤识别模型，应用该模型对混凝土材料的声发射信号参数进行分析，探求混凝土受力（形变）过程中声发射信号所包含的关于混凝土内部发生质变或突变的信息，进而对混凝土材料的损伤破坏进行预测。通过模型计算得到了混凝土损伤声发射检测过程中的突变点，据此，可进一步对混凝土损伤演化过程开展研究。

3.2　混凝土梁动态突变理论模型

突变理论由法国数学家勒内·托姆于 1972 年提出，该理论以拓扑学、奇点理论和结构稳定性等数学工具为基础，后经多位学者扩充完善，旨在从量的方面研究各种不连续现象，着重反映光滑系统中可能出现的"突然变化"。突变理论提供了一种研究跃迁、不连续性和突然质变的普遍适应的方法，在处理非连续性变化时，不需要考虑任何特殊的内在机制。根据一个系统的势函数把它的临界点分类，研究各个临界点附近非连续变化的特征，从而归纳出若干个初等突变模型，以此为基础探索自然和社会中的突变现象。

突变理论利用势函数描述系统的变量有两类：①状态变量，描述系统中可能出现突变的量，表示系统的行为状态；②控制变量，指系统中作为突变原因的连续变化的因素，表示影响状态变量的各种因素。通过对突变模型的势函数 $f(x)$ 求一阶导数，再由 $f'(x)=0$，得到它的平衡曲面；而平衡曲面的奇数点集可通过二阶导数 $f''(x)=0$ 求得，联立两式消去状态变量，便能得到只含控制变量的分歧方程。当控制变量满足分歧方程，系统就会发生突变，从而得知各个控制变量对突变产生所起到的作用。Thom 已经证明，当控制变量不超过 4 个时，只有 7 种基本突变形式，其势函数及归一化公式见表 3.1。其中尖点突变模型因形式简单，且能较好描述外界连续性行动中作用力渐变而突然导致状态突变的过程，应用较为广泛。

表 3.1　　　　　　　　　　初等突变形态势函数及归一化公式

模型种类	姿势变量	操纵变量	电位函数	归一公式
折迭型突变	1	1	$f(x)=x^3+ux$	$x_u=u^{1/2}$
尖点型突变	1	2	$f(x)=x^4+ux^2+vx$	$x_u=u^{1/2}, x_v=v^{1/3}$
燕尾突变	1	3	$f(x)=x^5+ux^3+vx^2+wx$	$x_u=u^{1/2}, x_v=v^{1/3}, x_w=w^{1/4}$
蝴蝶突变	1	4	$f(x)=x^6+tx^4+ux^3+vx^2+wx$	$x_t=t^{1/2}, x_u=u^{1/3}, x_v=v^{1/4}, x_w=w^{1/5}$
双曲脐状突变	2	3	$f(x,y)=x^3+y^3+wxy-ux-vy$	
椭圆脐带突变	2	3	$f(x,y)=x^3-xy^3+w(x^2+y^2)-ux+vy$	
抛物线脐状突变	2	4	$f(x,y)=y^4+x^2y+wx^2+ty^2-ux-vy$	

　　邓聚龙于 1982 年提出的灰色理论（grey theory）从有限信息推测整个系统行为的有效途径，对于随机性、不完备性和离散性数据建立数学模型方面非常有效。本章采用灰色-尖点突变理论建立了混凝土声发射突变模型，为研究混凝土损伤断裂过程的突变不连续特性寻找有效途径。

　　声发射是材料中局部区域应力集中，快速释放能量并产生瞬态弹性波的现象，也称应力波发射。与材料微观断裂过程有关的源，称为非金属材料中的声发射源。在应力作用下，混凝土内部的裂缝不断损伤开裂、扩展团聚，并在不同的破坏阶段有着不同的声发射信号参数特征。若将引起声发射的这一变量统一用 x 表示，则混凝土损伤断裂过程中的声发射序列可以描述为单变量函数 $f(x)$。由尖点突变理论可知，该模型的势函数为

$$y=f(x)=(1/4)x^4+(1/2)ux^2+vx \tag{3.1}$$

　　上式通过一次求导，可得模型的平衡曲面方程：

$$x^3+ux+v=0 \tag{3.2}$$

　　在工程应用时，关心的是由式（3.2）所决定的临界点。式（3.2）是一个三次方程，它的实根个数由判别式的符号确定。其分叉集方程为

$$\Delta=4u^3+27v^2 \tag{3.3}$$

式中：y 为声发射参量；x 为力学参量；u、v 为声发射参量与力学参量之间的关系参数；Δ 为分叉集方程的值。

　　式（3.3）为一半立方抛物线，将控制变量平面划分为 $\Delta>0$ 和 $\Delta\leqslant0$ 两个区域。当 $\Delta>0$ 有 1 个实根，对应着一个稳定的平衡态，系统的变形是连续的，不会发生突变；$\Delta<0$ 时有 3 个互异的实根，其中 2 个表示稳定状态，1 个表示不稳定的状态。系统在这 2 个稳定状态中缓慢地变化，只有系统达到分歧点集时，才会发生突变；$\Delta=0$ 时，当 $u=v=0$ 时，系统有一个三重根，当 u，v 不同时为 0 时，系统有一个两重根，分别对应于分歧点集的 2 条曲线，此时系统处于 2

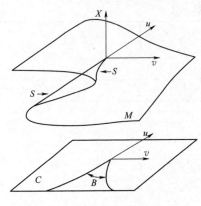

图 3.2　尖点突变模型的平衡曲面
和分歧点集

个临界稳定状态，稍有干扰，就会产生突跳。尖点突变模型的平衡曲面与分歧点集如图 3.2 所示。综上所述，当 $\Delta > 0$ 时，v 的变化只引起 x 的连续变化，此时系统是稳定的；当 $\Delta \leqslant 0$ 时，v 的变化将会引起 x 的突跳，系统处于不稳定状态。

灰色系统理论是一种研究少数据、贫信息不确定性问题的新方法，它通过灰色系统信息的生成、开发，提取有价值的信息，通过研究小样本、贫信息的不确定性问题，实现对事件演化规律的正确描述和运行行为的有效监测。在声发射信号动态监测过程中，实际采集得到的声发射参数序列往往规律性较差，具有一定的振荡性。为了提高参数序列数据中有用信息的利用效率，减少参数序列在采集过程、传递过程、统计过程的随机性，本章采用灰色系统理论对试验中观察得到的声发射原始数据进行累加数据处理，进而建立系统的灰色模型。

设 $x^{(0)}$ 为某一声发射过程的参数序列，$x^{(1)}$ 为其累加生成（AGO）序列，即

$$x^{(0)} = \{x^{(0)}(1), x^{(0)}(2), \cdots, x^{(0)}(k), \cdots, x^{(0)}(m)\} \tag{3.4}$$

$$x^{(1)} = \{x^{(1)}(1), x^{(1)}(2), \cdots, x^{(1)}(k), \cdots, x^{(1)}(m)\} \tag{3.5}$$

式中：$x^{(0)}(k)(k \leqslant m)$ 为 k 时间的灰色参数序列；$x^{(1)}(k)$ 为其累加生成（AGO）序列，即

$$x^{(1)}(k) = \sum_{j=1}^{k} x^{(0)}(j)(k \leqslant m) \tag{3.6}$$

若将生成序列 $x^{(1)}$ 在某一声发射过程时刻 t 展开成幂级数的形式，则式（3.6）可写为

$$x^{(1)}(t) = A_0 + A_1 t + A_2 t^2 + A_3 t^3 + \cdots + A_n t^n \tag{3.7}$$

式中：A_0，A_1，$\cdots$，A_n，$\cdots$ 为待定系数，可采用多项式拟合来得到。式（3.7）即为 AGO 累加序列的拟合多项式。根据文献截取前 5 项，可满足精度要求，即

$$\hat{x}^{(1)}(t) = A_0 + A_1 t + A_2 t^2 + A_3 t^3 + A_4 t^4 + A_5 t^5 \tag{3.8}$$

式（3.8）为新序列表达式，对式（3.8）进行求导即得

$$y = \frac{d\hat{x}^{(1)}(t)}{dt} = A_1 + 2A_2 t + 3A_3 t^2 + 4A_4 t^3 + 5A_5 t^4 \tag{3.9}$$

对声发射参数序列值式（3.9）进行变量代换，即可得到尖点-突变模型的

标准形式：

$$y = f(t) = (1/4)t^4 + (1/2)ut^2 + vt + c \tag{3.10}$$

式中，

$$u = \frac{30A_5 q^2 - 12A_4 q + 3A_3}{\sqrt{5A_5}} \quad (A_5 > 0) \tag{3.11}$$

$$u = \frac{30A_5 q^2 - 12A_4 q + 3A_3}{\sqrt{-5A_5}} \quad (A_5 < 0) \tag{3.12}$$

$$q = A_4/5A_5 \tag{3.13}$$

$$v = \frac{-20A_5 q^3 + 12A_4 q^2 - 6A_3 q + 2A_2}{(20A_5)^{1/4}} \quad (A_5 > 0) \tag{3.14}$$

$$v = \frac{-20A_5 q^3 + 12A_4 q^2 - 6A_3 q + 2A_2}{(-20A_5)^{1/4}} \quad (A_5 < 0) \tag{3.15}$$

因 c 对突变分析无意义，在应用时通常舍去。

3.3 混凝土梁突变模型试验

试验采用的预设裂缝混凝土三点弯曲梁试验系统如图 3.3 所示，该系统由加载系统和声发射系统构成。试验采用北京软岛时代科技生产的 8 通道 DS2 - B系列增强型全信息声发射检测系统来动态跟踪微裂缝的开裂和扩展全过程，该系统可完整采集混凝土梁断裂声发射试验过程中的所有信号，可以看清每一个

图 3.3 预设裂缝混凝土三点弯曲梁试验系统

点的波形、参数、包络图，每一个点的数值、定位点等功能。试验采取 8 通道连续采集，其通道门限设定为 40dB。所采用的声发射传感器为 RS-2A 型，频率范围是：$50\sim400$kHz，多通道同步采集，前置放大器增益为：40dB。传感器表面与试件表面的声耦合剂采用高真空脂。

试验采用的加载系统为上海华龙液压万能试验机，该设备可实时记录试验加载过程中的力-时间曲线。

3.3.1　试验条件

本书试验选用国家重点基础研究发展计划（973 计划）"环境友好现代混凝土的基础研究"（2009CB623200）统一配合比中典型的普通混凝土，材料性质与配合比如下：

水泥：湖北华新水泥厂生产的 P·Ⅰ型 52.5 硅酸盐水泥，为水泥熟料加 5%石膏 ［所采用的石膏统一为二水石膏（$CaSO_4 \cdot 2H_2O$）］。碱含量（以 $Na_2O + 0.658K_2O$ 计）不大于 0.60%，细度为 $350m^2/kg$，其矿物成分见表 3.2。

表 3.2　　　　　　　　试验 P·Ⅰ型 52.5 硅酸盐水泥矿物成分

矿物成分	C_3S	C_2S	C_3A	C_4AF	$CaSO_4 \cdot 2H_2O$
含量/%	55.5	19.1	6.5	10.1	5

粗骨料：碎石，$5\sim20$mm 连续级配，含泥量（按质量计）<0.5%，泥块含量为零。

细骨料：河砂，细度模数为 2.64，具有良好的颗粒级配，含水率为 1.2%，含泥量（按质量计）<1.5%，泥块含量（按质量计）<0.5%。

水：自来水。

混凝土的配合比见表 3.3，其中立方体抗压强度为标准养护 28d 的强度。混凝土小梁试件尺寸为 $75mm \times 150mm \times 400mm$，在小梁跨中预制深为 15mm 的诱导缝。

表 3.3　　　　　　　　　　混凝土配合比及力学性能

水灰比	0.53			
配合比/(kg/m^3)	水泥	细骨料	粗骨料	水
	370	750	1112	188
立方体抗压强度/MPa	50.6			

3.3.2　试验方案

由于试件下面控制螺杆的作用，素混凝土试件不会出现脆性断裂，可以准确控制裂缝开展至任意宽度。采用三维定位方式设置声发射系统的传感器，如图 3.4 所示，即 8 个 RS-2A 型独立通道传感器分别安置在试件大面的两侧，全方位捕捉声发射试验过程中定位范围内的所有声发射信号，完整采集声发射波形及参数。

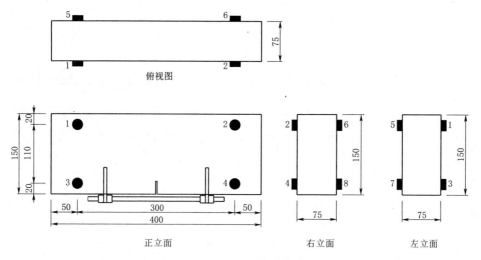

图 3.4　RS-2A 型声发射传感器布置图

3.4　混凝土梁突变模型试验结果分析

3.4.1　声发射信号变化经历

混凝土梁在三点弯曲受载过程中声发射信号和荷载随时间的变化历程图如图 3.5 所示。图 3.5（a）为声发射振铃计数随时间的历程图，由图可知，声发射振铃计数出现两次峰值阶段，第一个峰值点出现在加载初期（53～87s），第二个峰值点出现在加载后期试件起裂点出现后（667s），并一直保持到失稳破坏。图 3.5（b）为声发射撞击计数随时间的历程图，由图可知，撞击计数峰值除了在初期和后期与振铃计数保持较好的一致性，在第 9s 和第 495s 出现零星的峰值，但在振铃图能量历程图中均未出现较大峰值，所以第 9s 峰值可以判断为试件和加载装置接触所致，第 495s 峰值可以判断为内部微裂缝扩展引起。图 3.5（c）声发射能量随时间的历程图，其数值变化和振铃计数保持较好的一致性，由图可知，试件在起裂和最后失稳破坏均瞬间释放大量能量。图 3.5（d）为声发射撞击计数累积曲线，是指总计数载声发射过程中跟随时间变化的曲线，由图可知，在压密初期和试件起裂后，撞击计数累积值增长快速，在试件起裂后，累积计数持续快速增长直至试件断裂，并在失稳破坏瞬间再次出现剧烈增长。

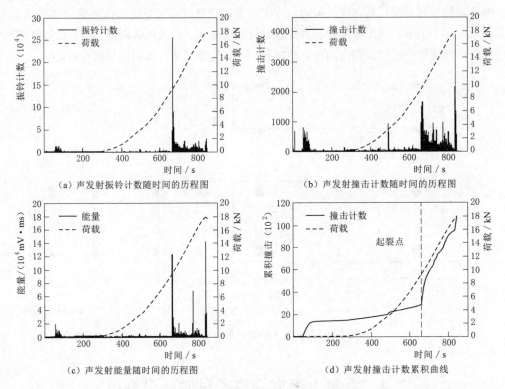

图 3.5　混凝土梁在三点弯曲受载过程中声发射信号和荷载随时间的变化历程图

　　通过试验过程可以看出，试件在三点弯曲状态下，根据混凝土材料宏观变形响应和损伤细观演化之间的关系，其声发射信号参数经历（图 3.5）可以分为 4 个阶段：①初始压密阶段（53～87s）。在该阶段内，声发射信号在试件接触受力后立即产生，振铃计数急剧上升，混凝土损伤开始出现；②微裂缝稳定扩展阶段（88～664s）。在该阶段撞击计数累积曲线持续缓慢攀升，但是计数率较小，释能率低，说明混凝土梁在原始微裂隙开裂后，会持续产生新的裂缝，并不断地累积混凝土损伤；③起裂点出现阶段（665～677s）。随着作用力的增加，声发射撞击计数迅速增加，释能率增加，说明此阶段混凝土内部损伤开始劣化，混凝土原始微裂缝继续开裂扩展，同时集中出现新裂缝，并演化为微破裂带，混凝土梁发生开裂，出现宏观裂缝；④断裂破坏阶段（678～848s）。在该阶段内，微裂缝的集中开始加剧，裂缝尖端的发展在通道元和阻挡元的共同作用，使得水泥浆体中的裂缝在扩展过程中不断受到抑制，不断积聚的能量以弹性波的形式向外释放，振铃计数及事件计数都近似呈指数增长，释能率大，当荷载继续增加并超过临界值时，这些破裂带便进一步失稳扩展，最终导致试件的突然失稳破坏。

3.4.2 声发射信号参数分布分析

声发射信号参数分布分析方法是将声发射信号撞击计数或事件计数按信号参数值进行统计分布分析。一般采用分布图进行分析，纵轴选择撞击计数或事件计数，而横轴可选择声发射信号的任一参数。横轴选用某一个参数即为该参数的分布图，如幅度分布、能量分布、振铃计数分布、持续时间分布、上升时间分布等，其中幅度分布应用最为广泛。分布分析可用于发现声发射源的特征，从而达到鉴别声发射源类型的目的，也经常用于评价声发射源的强度。通过上一章分析结果，发现声发射撞击计数、幅度和混凝土材料三者之间的关联并不明显，而声发射撞击计数、峰值频率和混凝土材料三者之间有着紧密的联系，故在以下声发射信号参数分布分析过程中，选择撞击计数和峰值频率的分布图进行分析论述。

混凝土梁在三点弯曲受载过程中所有撞击信号的峰值频率分布图如图3.6所示。由图可知，梁在三点弯曲受载过程中声发射信号的峰值频率分别在0~1kHz、2kHz、3~9kHz、16~17kHz和25~28kHz区间内，这些峰值区间内的撞击计数分别为35075、6097、55025、6577和2242，占比分别为33.4%、5.8%、52.4%、6.3%和2.1%。可以看出混凝土梁在三点弯曲受载过程中峰值频率主要出现在0~1kHz和3~9kHz，占比分别为33.4%和52.4%。通过对混凝土梁在三点弯曲受载过程中所有撞击信号的峰值频率进行分析，可以获得不同加载阶段混凝土材料声射信号的优势频率特征，从而获得声发射频率特征随梁损伤劣化的变化特征。其中，"优势频率"是指大多数频率分量所

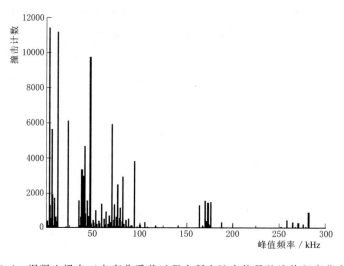

图3.6 混凝土梁在三点弯曲受载过程中所有撞击信号的峰值频率分布图

处的频率区间值。初始压密阶段、稳定扩展阶段、起裂阶段和断裂破坏阶段在各个峰值频率区间内的撞击计数和占比见表 3.4，从表中可以看出，初始压密阶段的优势频率出现在 0～1kHz，其余三个阶段优势频率都为 35～95kHz，其中稳定扩展阶段在 64～176kHz 撞击计数占比较高，达到 9.4%，起裂阶段在优势频率 35～95kHz 区间的撞击计数占比尤为突出，达到 65.5%，断裂破坏阶段和稳定扩展阶段在优势频率上的撞击计数占比接近，分别为 50.5% 和 54.4%，但在高频区间 258～281kHz 区间内撞击计数占比很低，为 1.6%。因此，通过各个峰值频率区间内的撞击计数和占比，可以判断混凝土梁的加载阶段，为基于声发射的混凝土损伤预警提供依据。

表 3.4　不同加载阶段各个峰值频率区间内的撞击计数及占比

峰值频率 /kHz	不同加载时间段撞击计数及占比			
	初始压密阶段 (53～87s)	稳定扩展阶段 (88～664s)	起裂阶段 (665～667s)	断裂破坏阶段 (678～848s)
0～12	5020/41.8%	4799/29.4%	944/27%	23474/32.1%
23	787/6.6%	1023/6.3%	74/2.1%	4122/5.6%
35～95	4512/37.6%	8230/50.5%	2292/65.5%	39803/54.4%
164～176	336/2.8%	1526/9.4%	125/3.6%	4587/6.3%
258～281	1351/11.3%	718/4.4%	64/1.8%	1134/1.6%
合计	12006/100%	16296/100%	3499/100%	73120/100%

声发射信号参数关联分析方法也是声发射信号分析中最常用的方法，通过此方法可以分析任意两个声发射信号的波形特征参数之间的关联性，图中二维坐标轴各表示一个参数，每个显示点对应于一个声发射信号撞击或事件。通过分析不同参量两两之间的关联性，可以得出不同声发射源的特征，从而鉴别声发射源。三点弯曲梁受载过程中声发射信号参数的关联图如图 3.7 所示，由图可知：

（1）由图 3.7（a）、（c）、（d）可以看出，能量、振铃计数、持续时间和幅度的关联特征接近幂函数的关系，三者与幅度的关系较为一致，而一个振动系统的能量是由系统的性质和振幅共同决定的，说明混凝土材料作为复合材料，其内部产生声发射来自不同的声发射源，声发射源种类较多，能量并不随幅度的增大而增强。

（2）由图 3.7（b）可以看出，峰值频率和幅度存在明显关联，图中出现 4 个峰值频率的集中区间，结合上节的分析，说明混凝土中出现 4 种声发射源，

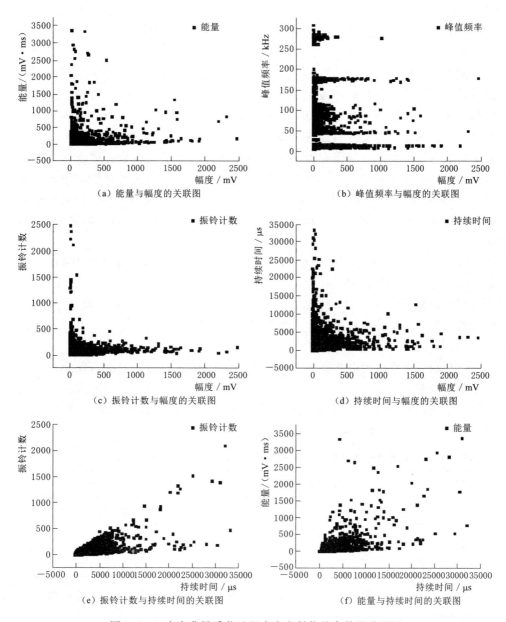

图 3.7　三点弯曲梁受载过程中声发射信号参数的关联图

即 0~12kHz、35~117kHz、164~176kHz 和 258~281kHz 频率区间出现较大的声发射信号幅值。

（3）振铃计数、能量与持续时间的关联图如图 3.7（e）、（f）所示，由图中可以看出，振铃计数、能量随持续时间的增大而增大，但线性关系不明显。

3.5　混凝土梁突变模型应用

混凝土中的声发射信号主要产生自内部的微观开裂、扩展和宏观开裂，试件破裂的突变必然会导致声发射信号的突变，所以，信号参数的突变是混凝土材料破坏过程中损伤开裂的外部表现。因此，分析和探求声发射信号中所包含的关于材料内部结构发生质变或突变的信息对于混凝土材料的损伤断裂分析有着重要的意义。为进一步研究混凝土梁损伤断裂过程的突变特性以及声发射在混凝土损伤断裂中的应用，本章基于灰色系统理论和尖点突变理论，建立了灰色-尖点突变模型，并应用模型对图 3.5（d）所示的声发射撞击累积计数随时间的变化情况进行突变分析。本章利用 Matlab 进行编程计算分析（附录 A），具体步骤为：

（1）运用累积生成序列的灰色拟合多项式式（3.7）拟合累加生成（AGO）序列 $x^{(1)} = \{x^{(1)}(1),\ x^{(1)}(2),\ \cdots,\ x^{(1)}(m)\}$，得到拟合后的多项式系数 $A1,\ \cdots,\ A5$。

（2）根据 $A1,\ \cdots,\ A5$ 的数值代入式（3.11）～式（3.15）计算式（3.10）中力学参量与声发射参量之间关系的参数 u 和 v 值。

（3）利用 u 和 v 值，计算式（3.3）中的 Δ 值。

（4）利用突变法则以及分叉集方程 Δ 与 0 的关系，评定三点弯曲梁的损伤状态是否改变。

为了判断混凝土三点弯曲梁内部从开始加载到损伤断裂过程中的稳定状况，将实验过程的第七通道声发射参数代入计算，其计算结果见表 3.5。

表 3.5　　基于撞击计数的预设裂缝混凝土三点弯曲梁内部损伤状态表

稳态时间/s	非稳态时间/s	稳态时间/s	非稳态时间/s
0～12（12）	13（1）	71～117（47）	118～221（104）
14～29（16）	30～45（16）	222～600（379）	601～671（71）
46～68（23）	69～70（2）	672～781（110）	782～848（67）

由表 3.5 可知，在三点弯曲状态下，试验梁受载过程依次经历了从稳定状态到不稳定状态循环反复后，直至断裂的多个阶段。结合图 3.5 声发射信号随时间的变化经历图，可初步推断三点弯曲梁受载过程损伤演化历程：0～70s 时，试件开始与加载设备接触，出现零星的声发射信号。随着外加荷载的继续作用，试件内部的初始裂缝不断演化，这个阶段混凝土内部损伤持续发展的主要原因是混凝土内部微观上存在许多微裂缝、毛细孔、泌水孔等不同性质的初始缺陷压密闭合，该阶段的声发射信号主要产自这些初始缺陷使其在荷载作用下产生

的初始损伤,见表 3.5 中 0～221s,系统在稳定状态与非稳定状态之间来回变换。在 222～600s 之间,由于应力处于较低水平,材料内部产生的声发射信号较少,撞击计数累积曲线平缓,系统处于稳定状态。随着载荷的不断增加,混凝土梁内部缺陷相继变形、开裂、并在扩展一定程度时,混凝土梁内部的一条微裂缝带突然贯通,并出现宏观的开裂点,在撞击计数曲线图上表现为明显的峰值,系统产生突变(601～671s)。随着混凝土内部裂缝通道元和阻挡元共同作用,使裂缝在扩展过程中不断受到抑制,混凝土材料内部又会调整到新的稳定状态(672～781s)。当荷载继续增加时,混凝土材料内部的微裂缝继续开裂、扩展,进而相互结合形成大裂缝,同时新裂缝不断形成,并演化为一条或几条微裂带,直至发展成宏观裂缝,形成失稳点,声发射撞击计数曲线图出现新的峰值,系统再次处于不稳定状态,直至梁断裂破坏(782～848s)如图 3.8 所示。

结合上表及突变分析,绘制图 3.8 三点弯曲梁受载过程中声发射损伤定位随时间的变化经历图,如图 3.9 所示。综合比较损伤定位随时间的变化经历图和声发射内部损伤状态表,损伤定位图很好的验证了突变的分析结果:声发射是一种灵敏的无损检测方法,能够探测到混凝土中产生的弱应力波,如图 3.9(a)所示在 70s 时试件中间顶部表面开始出现声发射损伤定位;如图 3.9(b)所示在 221s 定位图中出现大量试件中间顶部附近初始缺陷压密损伤定位点,直至 600s 如图 3.9(c)所示;如图 3.9(d)所示在 618s 试件中间底部开始定位到起裂点,在突变分析中提示601s 试件已出现突变状态,这比

图 3.8 三点弯曲梁受载断裂破坏结果

损伤定位早了 17s 发现灾变,直至 671s 试件在受拉区和受压区开始出现较多的损伤如图 3.9(e)所示;随后试件再次处于稳定状态,并随着荷载的进一步增加,试件内部出现大量的损伤如图 3.9(f)所示,当荷载继续增加,试件开始进入失稳断裂阶段,内部再次出现大量的损伤定位如图 3.9(g)所示。由此可见,声发射损伤定位随时间的变化经历图较好地反映了三点弯曲梁受

载过程中损伤演化过程，采用声发射参数的灰色尖点突变模型比损伤定位能更早地预测出损伤状态的转变时间。

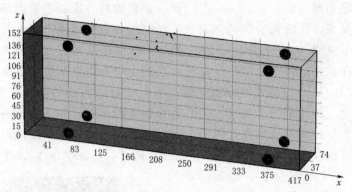

（a）第70s声发射损伤定位

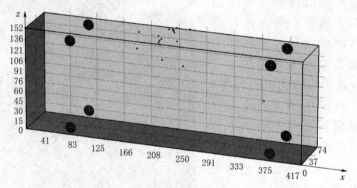

（b）第221s声发射损伤定位

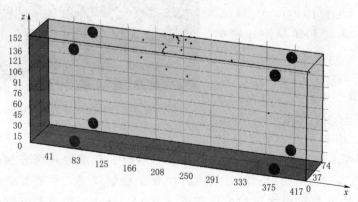

（c）第600s声发射损伤定位

图 3.9（一）　三点弯曲梁受载过程中声发射损伤定位随时间的变化经历图

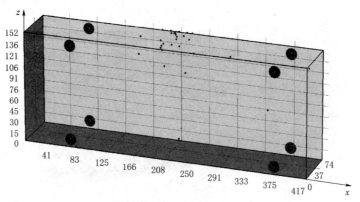

（d）第618s声发射损伤定位

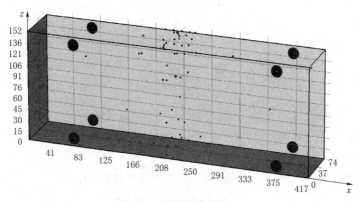

（e）第671s声发射损伤定位

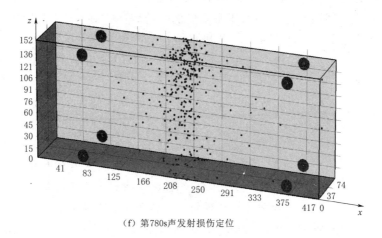

（f）第780s声发射损伤定位

图3.9（二） 三点弯曲梁受载过程中声发射损伤定位随时间的变化经历图

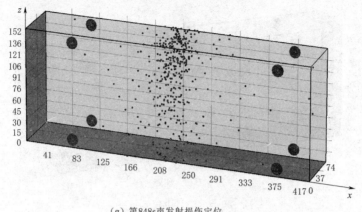

（g）第848s声发射损伤定位

图 3.9（三）　三点弯曲梁受载过程中声发射损伤定位随时间的变化经历图

3.6　本　章　小　结

（1）混凝土梁在三点弯曲受载过程中声发射试验较好的监测了混凝土梁损伤劣化断裂破坏的全过程，给出了三点弯曲梁受载过程中声发射损伤定位随时间的变化经历图，其声发射信号参数经历（图 3.5）可以分为 4 个阶段：初始压密阶段、微裂缝稳定扩展阶段、起裂阶段和断裂破坏阶段。

（2）从所有撞击信号的峰值频率分布图中可以看出，梁在三点弯曲受载过程中声发射信号的峰值频率分别在 $0\sim12\mathrm{kHz}$，$35\sim95\mathrm{kHz}$，$164\sim176\mathrm{kHz}$ 和 $258\sim281\mathrm{kHz}$ 区间内，其中初始压密阶段的优势频率出现在 $0\sim12\mathrm{kHz}$，其余三个阶段优势频率都为 $35\sim95\mathrm{kHz}$，其中稳定扩展阶段在 $64\sim176\mathrm{kHz}$ 撞击计数占比较高，达到 9.4%，起裂阶段在优势频率 $35\sim95\mathrm{kHz}$ 区间的撞击计数占比尤为突出，达到 65.5%，断裂破坏阶段在高频区间 $258\sim281\mathrm{kHz}$ 区间内撞击计数占比很低，为 1.6%。因此，可以通过各个峰值频率区间内的撞击计数和占比，判断混凝土梁的加载阶段，为基于声发射的混凝土损伤预警提供依据。

（3）声发射信号参数关联分析说明混凝土材料作为复合材料，其内部产生声发射来自不同的声发射源，声发射源种类较多，通过峰值频率和幅值关联分析，发现混凝土中出现 4 种声发射源，即 $0\sim12\mathrm{kHz}$，$35\sim117\mathrm{kHz}$，$164\sim176\mathrm{kHz}$ 和 $258\sim281\mathrm{kHz}$ 频率区间出现较大的声发射信号幅值。

（4）根据声发射过程中的累积参数序列（如累积撞击计数、累积释能量等）建立声发射的灰色-尖点突变模型，为声发射信号中有用信息的有效提取提供了一条新的途径。混凝土材料具有显著的突变特性，应用基于灰色系统理论和突变理论的混凝土损伤识别模型可较好的识别混凝土材料损伤演化过程中的突变状态。

（5）根据预设裂缝混凝土三点弯曲梁声发射试验，声发射过程虽然是集采集过程、传递过程、统计过程于一体的耦合信息过程，同时受到多种因素的影响，但利用灰色-尖点突变模型，计算结果与试验结果相一致，说明声发射过程能够较好的描述混凝土损伤演化过程的突变特性。

（6）利用灰色-尖点突变模型，不仅可以通过突变分析，把混凝土材料的力学过程、损伤、断裂等破坏过程的研究统一起来，确定突变状态，而且通过与试验结果的对比发现，灰色-尖点突变模型可以对混凝土材料损伤演化过程进行预测，有助于预报混凝土材料或结构的失稳破坏，推断其损伤破坏的程度，从而为声发射技术在混凝土断裂失稳预测的应用提供了理论依据。

第 4 章

基于声发射技术的钢筋混凝土柱
损伤识别

4.1 钢筋混凝土裂缝分析

钢筋混凝土随着龄期、荷载及外界因素等的影响性能不断地退化。为了减少维护成本及增加服役寿命，如何改进现有的无损评价技术并建立更高级的结构健康监测系统成为从业者与研究人员关注的热题。声发射法为钢筋混凝土结构的无损评价及结构健康监测提供了行之有效的解决方案。尤其是在裂缝发展的监测方面，是人们关注及研究的重点，因为裂缝的特性不仅反映混凝土材料自身的状况，同时也反映了整个结构系统所处的状态。声发射检测的最终目的是确定声发射源的性质，由于通过应用定位分析、分布分析、关联分析等传统的声发射特征参数分析方法只能识别裂缝发生时的声发射信号，而不能识别裂缝的扩展、裂缝的类别等钢筋混凝土结构中经常遇到的损伤识别问题，因此寻求更好的声发射信号识别方法是急需解决的问题。过去几年中，有学者尝试用矩张量分析法和 RA Value - Average Frequency 分析法（RA - AF）来进行钢筋混凝土梁损伤识别和裂缝类别分析，但结果不甚理想，因此本章尝试基于混凝土统计损伤理论，利用声发射的高斯混合模型对受载钢筋混凝土构件的裂缝形式进行分类。

声发射数据分析的主要目标之一是识别声发射源的性质。在第 2 章中发现了不同声发射信号参数和损伤机制之间的关系。因此，每一个信号都有可能是损伤模式的声学特征。然而，声发射信号参数间的差异或各类声发射信号的大量存在给损伤的识别和分类带来很大的困难。所以采用多参数分析的方法对提高损伤模式识别具有重要意义。目前大多关于锈蚀劣化监测的声发射技术研究主要是采用基于多参数的分析方法，虽然与锈蚀劣化过程有较好的相关性，但这类方法对环境噪声较为敏感，且监测过程中包含众多声发射源，若不加以区分整体进行考虑，其结果很容易偏离现象。故而，在分析前期，有必要结合聚类分析等多元分析方法对整体数据进行处理，总结出各类信号特征，去除与锈蚀过程无关的噪声信号，找出与特征时期对应的特征信号来评定分析锈损状态。

本章将对 JCMS 推荐 RA-AF 关联分析法进行分析，指出其局限性，提出一种基于高斯混合模型（GMM）在钢筋混凝土结构锈蚀损伤识别聚类分析方法。为了验证所提出的分析模型，对锈蚀率为 10％ 的钢筋混凝土柱分别进行轴压，小偏心和大偏心声发射测试，同时对 RA-AF 关联分析法和 GMM 法的分类结果进行对比分析，计算过程中给出钢筋混凝土高斯概率密度函数模型、程序计算步骤和 MATLAB 计算程序，最后对结论进行了总结。

4.2　RA-AF 关联分析法

过去几年，不同学者尝试研究混凝土构件的声发射特性与裂缝形式之间的关系，即裂缝在不同的方面给结构性能带来的各种不利影响，包括耐久性和使用功能等。通常，钢筋混凝土梁受载破坏的过程中，拉伸裂缝主要是在受载初期纯张拉应力发展的结果，后期则以剪切裂缝为主。因此，对混凝土结构的损伤劣化过程进行声发射监测，找出损伤的部位，建立其发射特性与裂缝形式之间的关系存在重要意义，通过此方法可以更准确地判断结构损伤劣化过程，并最终给出结构健康预警，在结构性能严重劣化前，提供经济准确的修复方案。JCMS 推荐了一种监测钢筋混凝土结构裂缝扩展的方法。该方法基于两个声发射参数进行分析，参数 AF 定义为声发射撞击振铃计数与持续时间的比值（kHz），参数 RA 定义为声发射事件上升时间与幅值的比值（μs/V）。其中各参数定义如图 4.1 所示。

根据 JCMS，基于 RA 值和 AF 值的关系（图 4.2），混凝土加载破坏的声发射源可以分为拉伸裂缝和剪切裂缝。考虑到不同裂缝扩展事件之间的相似性，可以推断出每种裂缝的具体类型可能有不同的特征。裂缝的固有拉伸引起裂缝侧向的运动，从而导致短时间、高频率的 AE 波形。相反，在剪切裂缝的开展过程中，通常会出现较长的波形，从而导致较低的频率和较长的上升时间。这可能是由于更大的能量部分是以剪切波的形式传递的；因此，与最初到达的纵波相比，波形的最大峰值延迟明显。在许多不同材料的研究中已经证明了这一点，尤其是混凝土材料，纤维复合材料和岩石。综上所述，考虑到上述概念，裂缝类型可以通过绘制下图（图 4.3）来区别剪切型裂缝和拉伸型裂缝。然而，两个参数之间的坐标比例并没有一个清晰的界定标准。实际上，声发射信号是非线性相对独立的随机数据。因此，需要发展一个更加有效的分类算法对数据的分布规律进行统计。本章将采用一种基于 GMM 的概率统计方法，对声发射数据分布特性进行分析，将混凝土在加载过程中的声发射源划分成两类较为显著的群集：剪切和拉伸。

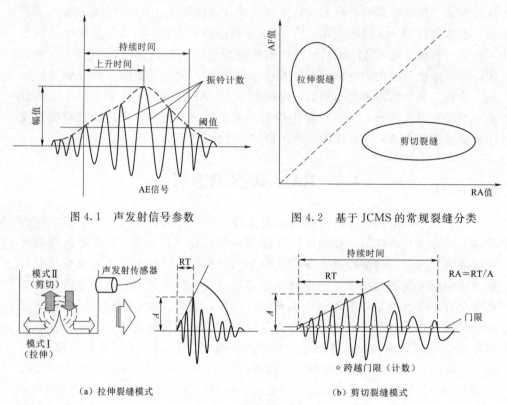

图 4.1　声发射信号参数　　　　　图 4.2　基于 JCMS 的常规裂缝分类

（a）拉伸裂缝模式　　　　　　　（b）剪切裂缝模式

图 4.3　声发射信号特征

4.3　高斯混合模型

4.3.1　数学模型

高斯混合模型聚类算法是一种通过多个高斯概率密度分布来精确地量化样本数据，从而使样本数据点处于该种分布下的最大似然概率达到最大值的算法，它是一种基于半参数的概率密度估计方法，它综合了参数估计法和非参数估计法的优点，不受特定的概率密度函数的形式所限制，模型的复杂度仅与所研究问题的复杂度有关、与样本集合的大小无关，从理论上来讲，在给定的模型中的数量足够大的情况下，模型精度也会更加精准，可以以任意精度无限逼近任意的连续分布。但此模型在增加模型的数量的同时也会增加模型的复杂度，因此在应用高斯混合模型时需要在模型精度和模型复杂度之间寻求一个平衡点。高斯混合模型在声音识别领域、图像识别领域、图像分割、图像降噪、动态系统与跟踪和文本识别等领域被广泛使用；但是在基于声发射技术的锈蚀钢筋混凝土柱的损伤识别这一方向上还缺少研究。

高斯密度函数估计按照模型数目的不同可以分为单高斯模型（single Gaussian model，SGM）和高斯混合模型（Gaussian mixture model，GMM）两类。

单高斯模型是最简单的高斯混合模型，可以理解为模型数目为 1 的高斯混合模型。其数据分布呈现出多维高斯（正态）分布，单高斯模型的概率密度函数（PDF）定义如下：

$$N(x \mid u_k, \sum_k) = \frac{e^{-\frac{1}{2}(x-u_k)^T \sum_k^{-1}(x-u_k)}}{(2\pi)^{n/2} |\sum_k|^{1/2}} \tag{4.1}$$

式中：x 为维数为 n 的样本向量（列向量）；u_k 为期望；$\sum_k$ 为协方差矩阵；$|\sum_k|$ 为 $\sum_k$ 的行列式；$\sum_k^{-1}$ 为 $\sum_k$ 的逆矩阵；$(x-u_k)^T$ 为 $(x-u_k)$ 的转置。对于单高斯模型，由于可以明确训练样本是否属于该高斯模型，故 μ 通常由训练样本均值代替，$\sum$ 由样本方差代替。

高斯混合模型是单一高斯概率密度函数的延伸，它可以看作是单高斯模型的一个加权平均和。由于 GMM 能够平滑地近似任意形状的密度分布，因此近年来常在语音、图像识别等方面，取得了不错的效果。高斯混合模型概率密度函数定义如下：

$$p(x_i) = \sum_{k=1}^{M} \omega_k p_k(x) = \sum_{k=1}^{M} \omega_k N(x \mid u_k, \sum_k) \tag{4.2}$$

式中：M 为模型的混合数；ω_k 为混合模型的权重系数，且 $\sum_{k=1}^{M} \omega_k = 1$；$N(x \mid u_k, \sum_k)$ 为第 k 个单一高斯概率密度函数。

4.3.2 参数估计

高斯混合模型聚类参数估计通常采用的是最大似然估计法，其目的就是估算出最优化的参数 θ［式（4.3）］，使得目标函数即概率密度的似然估计值 $J(\theta)$［式（4.4）］达到最大值，也就是说生成几个特定的高斯模型，让样本数据分配到各自所属高斯模型中的概率的乘积和达到最大。

$$\theta = [\omega_i, u_i, \sum_i], i = 1, 2, \cdots, M \tag{4.3}$$

$$J(\theta) = \prod_{i=1}^{M} p(x_i) \tag{4.4}$$

在实际分析中一般不直接采用 $J(\theta)$ 作为高斯混合模型聚类的目标函数这是因为在一般分析中数据量都非常大，概率本身都是小于 1 的值，在通过很多次的累积乘积之后，必然会达到一个非常小的程度，往往会超出计算机的运算及存储范围。所以通常变换为下面这种形式，其表达式见式（4.5）。

$$\ln J(\theta) = \ln\left[\prod_{i=1}^{M} p(x_i)\right] = \sum_{i=1}^{M} \ln p(x_i) = \sum_{k=1}^{M} \ln[\omega_k N(x \mid u_k, \sigma_k^2)] \quad (4.5)$$

为求解最大似然估计，采用最大期望值（EM）算法对高斯混合模型进行参数估计。EM 算法迭代步骤如下。

（1）初始化参数

设均值 u_i，$i=1$，2，…，M 为随机值；

设协方差矩阵 $\sum_i$，$i=1$，2，…，M 为单位矩阵；

每个模型的加权系数 ω_i，$i=1$，2，…，M 设为每个模型比例的先验概率，即为

$$\omega_i = 1/M \quad (4.6)$$

式中：M 为高斯混合模型数目，这里定为 2。

（2）算出各成分在各高斯模型中的先验概率

$$P_r(i \mid x_t, \theta^k) = \frac{\omega_k N(x_t \mid u_i^k, \sum_i^k)}{\sum_{k=1}^{M} \omega_k N(x_t \mid u_i^k, \sum_i^k)} \quad (4.7)$$

（3）利用先验概率更新参数

$$\omega_i^{k+1} = \frac{1}{T} \sum_{t=1}^{T} P_r(i \mid x_t, \theta^k) \quad (4.8)$$

$$u_i^{k+1} = \frac{\sum_{t=1}^{T} P_r(i \mid x_t, \theta^k) x_t}{\sum_{t=1}^{T} P_r(i \mid x_t, \theta^k)} \quad (4.9)$$

$$\sum_i^{k+1} = \frac{\sum_{t=1}^{T} P_r(i \mid x_t, \theta^k)(x_t - u_i^{k+1})(x_t - u_i^{k+1})^T}{\sum_{t=1}^{T} P_r(i \mid x_t, \theta^k)} \quad (4.10)$$

（4）重复（2）和（3），直至满足收敛条件

$$|\ln[J(\theta)^{t+1}] - \ln[J(\theta)^t]| < \varepsilon \quad (4.11)$$

式中 $\ln[J(\theta)^{t+1}]$ 和 $\ln[J(\theta)^t]$ 表示前后两次的似然估计值，可以通过式（4.5）计算，ε 为设定的阈值，通常取 $\varepsilon = 10^{-5}$。

GMM 法程序执行流程图如图 4.4 所示，GMM 法 Matlab 计算程序见附录 A。

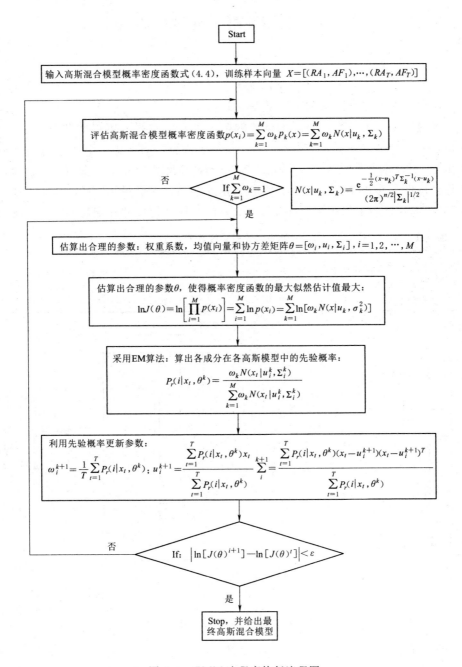

图 4.4 GMM 法程序执行流程图

4.4 钢筋混凝土柱试验研究

4.4.1 试验设计

试验考虑的影响因素和水平见表 4.1。

通过表 4.1 可以看出，影响试验的两大因素的水平。本试验共考虑偏心距和锈蚀率 2 个影响因素，其中轴心、小偏心和大偏心各 3 个，分别编为试件 A、B 和 C。柱子断面均设计为 120mm×120mm，高度 750mm，长细比 6.25，属于短柱。试件主筋和箍筋均采用 HRB235 光圆钢筋，主筋采用 Φ10，箍筋采用 Φ6@50~100，混凝土保护层厚度为 15mm。试验柱几何尺寸和配筋如图 4.5 所示。

表 4.1 试验考虑的影响因素和水平

影响因素	水 平		
偏心距/mm	0	25	80
锈蚀率/%	10	10	10

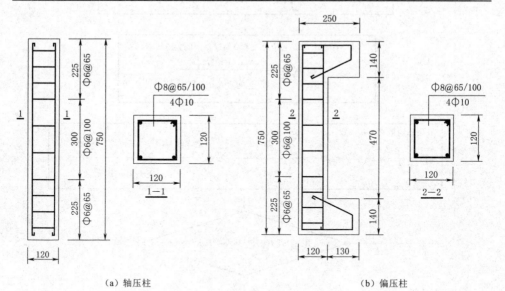

（a）轴压柱　　　　　　　　　　（b）偏压柱

图 4.5 试验柱几何尺寸和配筋图

试件混凝土配合比为水泥：水：砂子：粗骨料＝1：0.53：2.0：3.0，矿渣替代水泥量为 50%（表 4.2）。PI 型硅酸盐水泥，碱含量（以 $Na_2O+0.658K_2O$ 计）小于 0.60%，细度为 350m²/kg。河砂，细度模量 2.5~2.6，含泥量（按质量计）<1.5%，泥块含量（按质量计）<0.5%；破碎石灰岩，5~20mm 连续

级配、最大粒径为 20mm，含泥量（按质量计）＜0.5%，泥块含量为零。S95
级磨细矿渣，江南水泥粉磨公司产品，细度 $450m^2/kg$。钢筋和混凝土的力学性
能见表 4.3 和表 4.4。混凝土抗压强度通过 100mm×100mm×100mm 的试块实
测后考虑尺寸效应系数 0.95 换算得到。

表 4.2　　混 凝 土 配 合 比

水灰比	0.53			
配合比/(kg/m³)	水泥（52.5级）	水	砂	石子
	50%矿渣＋50%水泥	203	766	1149

表 4.3　　钢 筋 的 力 学 性 能

钢种＼力学性能	公称直径/mm	屈服荷载/kN	极限荷载/kN	屈服强度/MPa	极限强度/MPa	弹性模量/MPa	伸长率/%
HRB235	10	22.49	31.75	333.17	477.91	$1.84×10^5$	25.84
HRB235	6	11.91	15.65	421.44	553.90	$2.05×10^5$	18.86

注　钢筋面积按实测。

表 4.4　　混 凝 土 的 力 学 性 能

破坏荷载/kN				强度/MPa	修正后/MPa
试块 1	试块 2	试块 3	平均值		
412.7	444.76	458.74	438.73	43.87	41.60

4.4.2　试验步骤

　　本次试验采用李强博士所用外包海绵和不锈钢网的电化学加速锈蚀方法对
混凝土柱试件中钢筋锈蚀[42]。试验
采用静力加载方式，加载装置采用
100t 四柱万能高性能试验机（图
4.7），根据《混凝土结构试验方法
标准》（GB/T 50152—2012），考虑
锈蚀钢筋混凝土柱试件的试验特点，
采用位移控制的加载方式，加载速
率为 0.5mm/min。加载期间同时进
行声发射信号采集，传感器类型为
RS‐2A，中心频率 150kHz。通过
现场加载设备及周围环境噪声水平
测定，前置放大器增益选为 40dB，

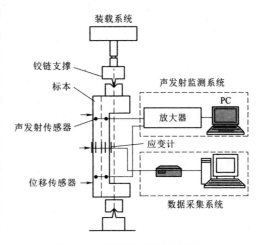

图 4.6　试验工作系统示意图

固定门限值设置为 40dB，采样频率为 3MHz。试验工作系统如图 4.6 和图 4.7 所示，主要由加载系统、声发射信号数据采集系统、荷载及位移记录系统（包含荷载传感器、电阻应变仪、位移计、位移变送器和记录仪）等组成。声发射传感器在试件上的布置如图 4.8 所示，其中受拉面布置 4 个、侧面各布置 2 个。试验时将 8 个 RS-2A 传感用 7501 高真空硅脂粘贴于钢筋混凝土柱的两个侧面（图 4.7），采集加载破坏全过程的信号。

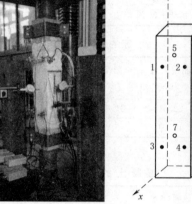

各传感器坐标

1(15,0,465)

2(115,0,465)

3(15,0,35)

4(115,0,35)

5(0,15,465)

6(0,115,35)

7(130,115,465)

8(130,15,35)

图 4.7　试验工作系统照片　　　　　图 4.8　声发射传感器在试件上的布置

4.5　声发射事件定位分析

试件 B 声发射定位结果和实际破坏形式如图 4.9 所示。

由图 4.9 可知，锈蚀柱在加载的初始时刻就有定位点产生，第一个声发射事件发生在柱的上部，随后在柱的中间部分出现定位点，其主要原因是钢筋的锈蚀。构件内部已经产生锈胀裂缝，锈蚀柱在初始加载时，这些锈胀裂缝产生了不同程度的闭合或扩展。当荷载水平处于 20%～40% 时，定位点主要集中于中上部，形成这一现象的主要原因是中上部的锈胀裂缝，柱受拉面上部溢锈所在位置如图 4.9（f）所示。同时，中部且靠近纵向压力一侧开始出现定位点，说明中部微裂缝开始扩展。随着荷载的增加，声发射事件逐渐向柱中部的受拉区聚集，这种现象和偏心柱的宏观力学性能相一致。到达极限荷载时，能量突然释放，混凝土开裂剥落。声发射结果与锈蚀钢筋混凝土柱的脆性破坏特征一致。

比较声发射定位结果和实际破坏形式可以发现，声发射事件定位可较好地反映钢筋混凝土柱的实际破坏形态，可对钢筋混凝土柱裂缝的初始、扩展进行定位。但定位算法依靠时差进行定位，只能反映裂缝初始及稳定扩展过程。在裂缝贯通瞬间，其时差变化不明显，因此其不能反映裂缝扩展的非稳定扩展及贯通过程。此外，由于混凝土结构的复杂性，声发射波形在很大程度上取决于声源到传感器的传播路径。声发射信号率还取决于参数选择、测试程序和传感器分布等诸多因素。尽管声发射信号率可以捕捉结构内部损伤的明显迹象，但其只能粗略定位损伤的位置。声发射事件在多大程度上和构件的损伤破坏相一致还需要发展先进的声发射数据算法和进一步的研究。

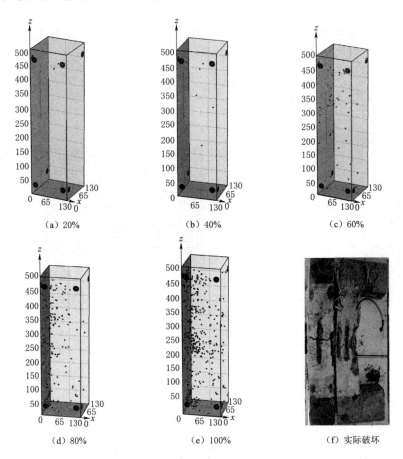

图 4.9 试件 B 声发射定位结果和实际破坏形式

4.6 RA - AF 关联分析法与 GMM 法结果的比较

为了比较高斯混合模型和 JCMS 推荐的 RA - AF 关联分析法，10％锈蚀率小偏心受压柱受压破坏过程中声发射监测的分析结果如图 4.10 所示，原始数据全部来自 8 个通道传感器。图 4.10（a）为 RA - AF 值分析结果，图 4.10（b）

为采用 RA、AF 值作为参数的 GMM 法分析结果。RA - AF 关联分析法无法对声发射事件属于哪种裂缝类型进行清晰的划分，如图 4.10（a）中虚线所示，JCMS 并没有给出明确的坐标轴比例关系，如同图中虚线斜率，不同的斜率将给出不同的结果，而先前学者往往针对不同的检测对象，利用经验进行划分判定，存在一定不合理性。图 4.10（b）显示高斯混合密度的等高线图，深色区域代表高概率密度，浅色区域代表低概率密度，代表拉伸和剪切类裂缝的事件被虚线包围成椭圆。从图中可以观察到：①尽管图 4.10（a）显示了两个相互独立的剪切裂缝和拉伸裂缝类别，但从图 4.10（b）中可以观察到，两种类别是交错存在，并且在不同的荷载阶段存在不同的高斯概率密度函数关系，即拥有不同的权重；②显然直线不是分类的理想边界，GMM 法可以对损伤的识别提供最佳的区分路径，如图 4.10（b）所示。

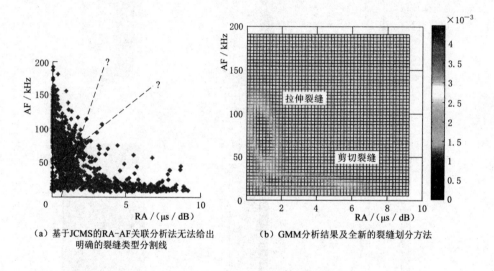

（a）基于JCMS的RA-AF关联分析法无法给出
明确的裂缝类型分割线

（b）GMM分析结果及全新的裂缝划分方法

图 4.10　B 试件 RA - AF 关系图

为了进一步比较说明两种裂缝分类方法的特点，10％锈蚀率小偏心受压柱分别在极限荷载 20％、40％、60％、80％和 100％时基于 JCMS 的 RA - AF 关联分析法分析结果和 GMM 法分析结果分别如图 4.11～图 4.15 所示。

由图 4.11（a）～图 4.15（a）可知，AF 值和 RA 值坐标比例分别为 9、18、20 不等，说明无法给定合适的比例来对裂缝类型进行区分。从图 4.11（c）～图 4.15（c）可以看出，拉伸裂缝和剪切裂缝区分明显。

从图 4.11（b）～图 4.15（b）中可以确定三个阶段：

（1）在试件受力初始阶段，如图 4.11（b）和图 4.12（b）所示，初始锈胀裂缝开始压密和扩展，试件产生以剪切破坏为主的裂缝。

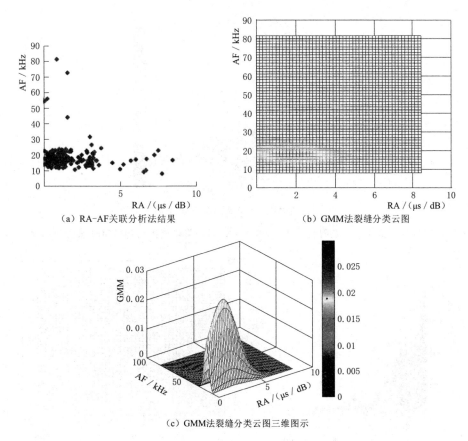

（a）RA-AF关联分析法结果　　（b）GMM法裂缝分类云图

（c）GMM法裂缝分类云图三维图示

图 4.11 20％极限荷载下 B 试件 RA－AF 关联分析法和 GMM 法分析结果

（2）随着荷载的增加，如 4.13（b）和图 4.14（b）所示，试件开始进入稳定的裂缝扩展阶段，此时以局部分散的拉伸裂缝为主，高概率区域逐步向剪切类的均值移动。

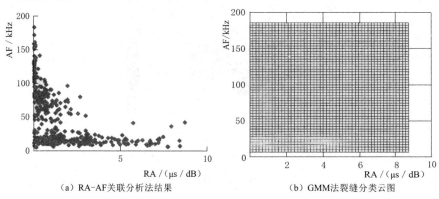

（a）RA-AF关联分析法结果　　（b）GMM法裂缝分类云图

图 4.12（一） 40％极限荷载下 B 试件 RA－AF 关联分析法和 GMM 法分析结果

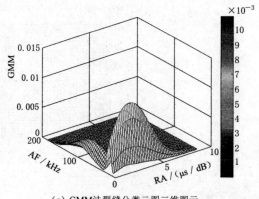

(c) GMM法裂缝分类云图三维图示

图 4.12（二）　40％极限荷载下 B 试件 RA - AF 关联分析法和 GMM 法分析结果

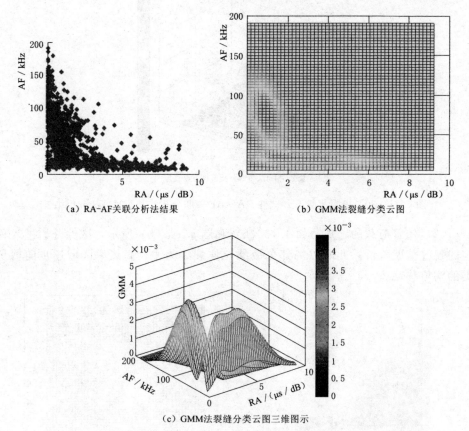

（a）RA-AF关联分析法结果　　　　　（b）GMM法裂缝分类云图

(c) GMM法裂缝分类云图三维图示

图 4.13　60％极限荷载下 B 试件 RA - AF 关联分析法和 GMM 法分析结果

　　（3）在最后加载阶段，受压柱进入破坏阶段，并使局部的裂缝贯通，剪切裂缝大量形成，如图 4.15（b）所示，最后大量宏观裂缝出现，最终导致试件破坏。

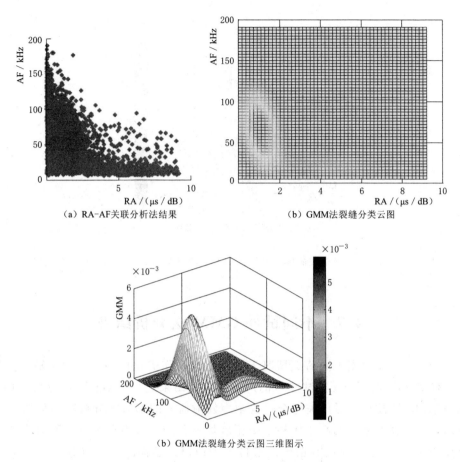

（a）RA-AF关联分析法结果　　　　　（b）GMM法裂缝分类云图

（b）GMM法裂缝分类云图三维图示

图 4.14　80％极限荷载下 B 试件 RA-AF 关联分析法和 GMM 法分析结果

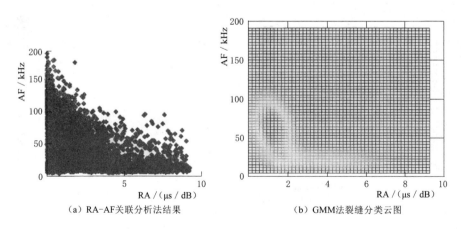

（a）RA-AF关联分析法结果　　　　　（b）GMM法裂缝分类云图

图 4.15（一）　100％极限荷载下 B 试件 RA-AF 关联分析法和 GMM 法分析结果

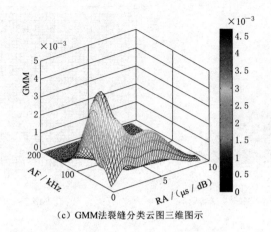

（c）GMM法裂缝分类云图三维图示

图 4.15（二）　100％极限荷载下 B 试件 RA - AF 关联分析法和 GMM 法分析结果

4.7　不同试件 GMM 法分析结果

为了进一步探索不同荷载情况下锈蚀柱的损伤劣化机理，分别对轴心受压柱试件 A 和大偏心受压柱试件 C 的声发射试验结果进行了 GMM 法分析，10％锈蚀率轴心受压柱，受压破坏全过程中声发射监测的 GMM 分析结果如图 4.16 所示，10％锈蚀率大偏心受压柱，受压破坏过程中声发射监测的 GMM 分析结果如图 4.17 所示，原始数据全部来自 8 个通道传感器。左图为 RA - AF 值的 GMM 概率密度值的平面图，右图为 GMM 法分析结果三维图。

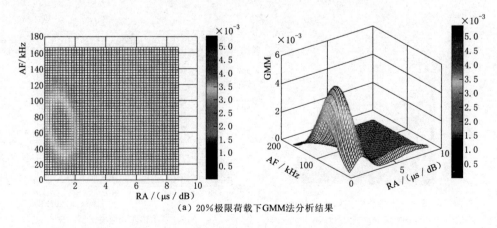

（a）20％极限荷载下GMM法分析结果

图 4.16（一）　A 试件轴心受压全过程 GMM 法分析结果

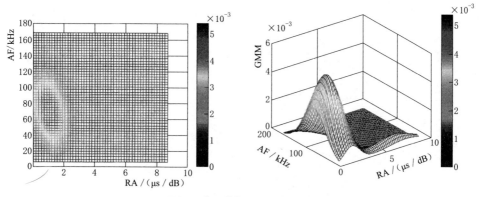

（b）40％极限荷载下GMM法分析结果

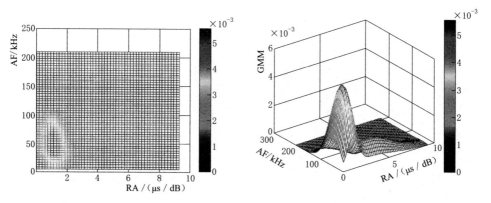

（c）60％极限荷载下GMM法分析结果

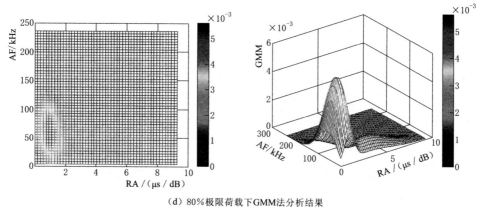

（d）80％极限荷载下GMM法分析结果

图 4.16（二） A 试件轴心受压全过程 GMM 法分析结果

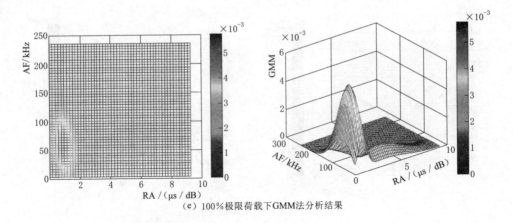

（e）100％极限荷载下GMM法分析结果

图 4.16（三） A 试件轴心受压全过程 GMM 法分析结果

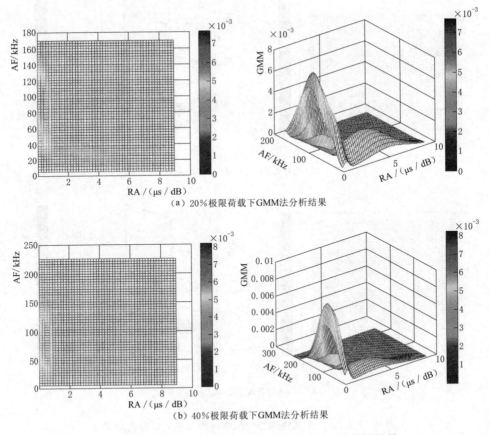

（a）20％极限荷载下GMM法分析结果

（b）40％极限荷载下GMM法分析结果

图 4.17（一） C 试件大偏心受压全过程 GMM 法分析结果

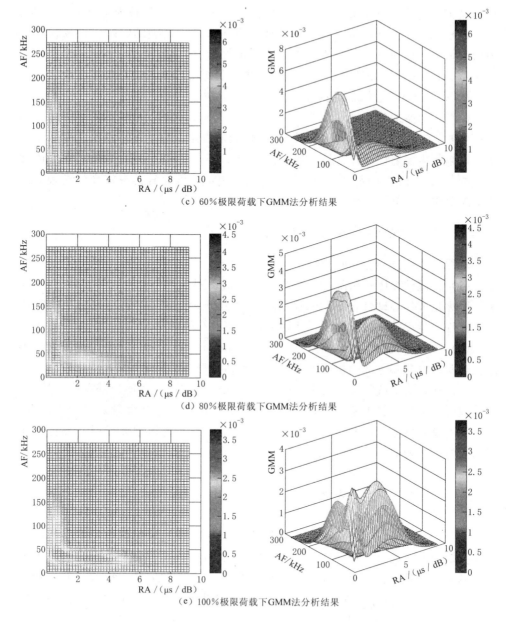

（c）60%极限荷载下GMM法分析结果

（d）80%极限荷载下GMM法分析结果

（e）100%极限荷载下GMM法分析结果

图4.17（二） C试件大偏心受压全过程GMM法分析结果

4.7.1 A试件轴心受压GMM法分析

从图4.16可以观察到：

（1）试件的整个轴心受压阶段，产生以受拉破坏为主的裂缝，这是由于钢

89

筋混凝土柱在轴压力作用下横向膨胀产生的拉应力超过其抗拉强度极限而破坏。

（2）在试件受压初始阶段，试件即出现明显的破坏裂缝，说明试件存在锈蚀初始缺陷，在加载初期即开始产生裂缝如图 4.16（a）所示，图 4.16（b）和图 4.16（a）没有明显的差别，说明试件进入稳定阶段，该阶段仅产生少量的裂缝，从图 4.16（c）开始，裂缝再次开始增加，并出现剪切裂缝。

（3）在初始加载步骤［即图 4.16（a）和图 4.16（b）］中，拉伸裂缝中的 RA 组件分布在 0 到 2.5μs/dB 之间，这可能是由于微裂缝在小的荷载作用下产生小振幅的声发射信号，这将导致较大的 RA 值［式（4.1）］；另外，在中间和较大的荷载［即图 4.16（c）～图 4.16（e）］中，信号通常具有较高的振幅，因此 RA 值在较小范围内变化。

4.7.2　C 试件轴心受压 GMM 法分析

从图 4.17 可以观察到：

（1）在试件受压初始阶段，如图 4.17（a）、图 4.17（b）和图 4.17（c）所示，因为是大偏心试件，初始锈胀裂缝大部分开始受拉破坏，少部分压密和扩展，试件产生以拉伸裂缝为主，剪切破坏裂缝并存的情况。

（2）随着荷载的增加，如图 4.17（d）所示，试件开始进入稳定的裂缝扩展阶段，此时以局部分散的拉伸裂缝为主，剪切裂缝也明显增加。

（3）在最后加载阶段，大偏心受压柱进入破坏阶段，并使局部混凝土压碎、裂缝贯通，剪切裂缝大量形成，如图 4.17（c）所示，最后大量宏观裂缝出现，最终导致试件破坏。由此可以看出试件的整个大偏心受压破坏和引言部位所述梁的受弯破坏相似。

4.8　本　章　小　结

本章提出了基于 GMM 的钢筋混凝土柱在荷载和锈蚀损伤作用下裂缝模式分类分析模型，通过对锈蚀率为 10% 的钢筋混凝土柱进行轴压，小偏心和大偏心受载破坏全过程声发射测试，从检测到的每个声发射信号中提取了两个特征值，即 RA 值和 AF 值。将这些特性用于填充数据集 X，采用 GMM 算法对数据集 X 进行了分类，即拉伸裂缝和剪切裂缝两组（子类），同时采用 JAMS 提供的 RA-AF 关联分析法和 GMM 法的分类结果进行了对比分析，计算过程中给出了钢筋混凝土高斯概率密度函数模型、程序计算步骤和 Matlab 计算程序，得到如下结论：

（1）分析结果表明，传统的 RA-AF 关联分析法无法明确 RA 值和 AF 值的坐标比例，无法给定划分虚线斜率，无法用简单的一条直线区分试验过程中的拉伸裂缝和剪切裂缝。

（2）基于钢筋混凝土统计损伤力学的 GMM 模型较好的对裂缝模式进行了区分，GMM 法分析结果给出了裂缝分类云图，通过所在区域对拉伸裂缝和剪切裂缝进行了划分，通过不同的颜色表示裂缝出现在该区域的概率。

（3）GMM 法能够识别出锈蚀钢筋混凝土柱在轴心、小偏心和大偏心受压情况下的损伤劣化情况：①小偏心受压试件加载初始阶段构件处于压密阶段，裂缝以剪切裂缝为主，随着荷载的增加试件开始进入稳定的裂缝扩展阶段，此时以局部分散的拉伸裂缝为主，在最后加载阶段，受压柱进入破坏阶段，并使局部的裂缝贯通，剪切裂缝大量形成，此时，剪切裂缝占据主导地位；②轴心受压试件在整个受载阶段，产生以受拉破坏为主的裂缝，这是由于钢筋混凝土柱在轴压力作用下横向位移产生的拉应力超过其抗拉强度极限而破坏；③大偏心受压试件和受弯梁破坏相似，早期以拉伸裂缝为主，后期以剪切裂缝为主。

所以，依据基于 GMM 模型的声发射分析方法，从不同构件产生的裂缝形式，我们可以判断构件所处的受力阶段，这对结构的全寿命监测并进行及时的修复具有重要的意义。

第 5 章

基于声发射技术的钢筋混凝土
锈裂损伤识别与劣化评价

5.1 钢筋锈蚀声发射检测机理

结构健康监测（SHM）技术的进步本质上是检测技术能力的发展，包括对监测数据的获取、管理、整合和分析，并结合结构的性能给予合理的解释。如何对以钢筋锈蚀为主要因素的钢筋混凝土结构的退化进行更精确、更经济的评估是土木工程领域的一个重要挑战。电化学测量是钢筋锈蚀的一种行之有效的监测技术，然而，由于这些技术通常对测试对象具有干扰性，因此无损检测技术（NDT）开始受到人们的关注。近年来，DIC（数字-图像相关）技术在裂缝开展方面进行了广泛的应用，Guo 等通过 DIC 技术对混凝土表面裂缝开展情况进行了研究及寿命预测。童晶利用 DIC 技术对钢筋混凝土梁中保护层锈胀开裂全过程进行了研究，分析了保护层的初裂时刻以及初裂位置。然而 DIC 技术的原理是通过分析表面位移场而得到其特征情况，产生表面位移场之前的阶段很难利用 DIC 技术进行监测，因此，DIC 技术难以获得真正意义上的混凝土内部钢筋锈胀开裂全过程的特征数据。在最近研究的 NDT 方法中，声发射被认为是一种检测钢筋锈蚀起始和发展情况监测的有效手段。但人们对钢筋锈蚀破坏的全过程研究不足，目前在构件方面的试验研究中，均是对构件进行加速锈蚀达一定锈蚀量后，开展受力试验。这样的试验并不能反映构件锈蚀破坏的全过程，只能反映其在某一锈蚀量下的性能，而构件锈蚀破坏是一个完整过程，了解其破坏过程对研究耐久性可能导致的结果和评估是很有必要的。

本章介绍钢筋混凝土加速锈蚀的声发射检测机理，加速锈蚀声发射监测的实验室试验，监测在加速锈蚀条件下的小型钢筋混凝土试件劣化过程，并采用参数分析法、频谱分析法和定量分析法对试验结果进行分析。结果表明，声发射技术可以用于钢筋混凝土的加速锈蚀全过程监测，试验捕捉到钢筋锈胀开裂时刻，得到锈胀开裂时刻的频率特征，获得不同破坏形式信号参数特征，并用强度分析法定量分析锈蚀劣化程度，给出钢筋混凝土构件声发射监测工作流程图。

在锈蚀过程中，钢筋锈蚀产物的体积是原有钢筋体积的 2 到 6 倍。当锈胀应力超过混凝土的抗拉强度时，混凝土将产生锈胀裂缝，并最终导致锈胀开裂。在混凝土保护层锈胀开裂后，钢筋将失去混凝土保护层的保护从而暴露出来，这时锈蚀速率将加快。钢筋锈蚀后锈蚀产物积累到钢筋表面，随着锈蚀的发展，钢筋与混凝土之间的孔隙区被填满，当锈蚀继续进行将产生锈胀力，最后导致混凝土开裂，混凝土表面开裂后，锈胀裂缝宽度会进一步增大。锈胀开裂过程如图 5.1 所示。

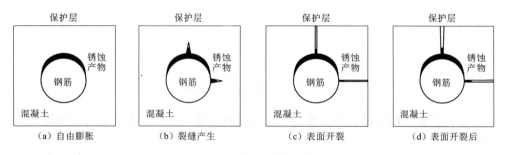

图 5.1 锈胀开裂过程

因此，可以认为，锈胀开裂过程分为 4 个阶段：锈蚀产物自由膨胀阶段、锈胀开裂（裂缝产生未贯通）阶段、保护层开裂阶段、锈蚀产物填充裂缝阶段。

Ohtsu 通过声发射技术对钢筋锈胀开裂过程进行监测，提出了钢筋锈胀开裂唯象模型，模型认为，当氯离子浓度达到一定水平时，钢筋表面钝化膜破坏，由于试件内水分与氧气的存在，钢筋锈蚀持续不断发生。并将海洋环境下钢筋锈蚀划分为 4 个阶段如图 5.2 所示。阶段 1：锈蚀起始阶段，钝化膜破坏，加之充足的水分与氧气，锈蚀较快；阶段 2：随着锈蚀增加，试件内部氧气减少，锈蚀有所抑制，因此锈蚀速度减缓；阶段 3：厌氧锈蚀开始，锈蚀产物大量增加，裂缝产生；阶段 4：裂缝贯通。唯象模型将以上 4 阶段分为两大部分：锈蚀产生与锈蚀产物增加。

Ohtsu 等将锈蚀劣化分为 3 个阶段，如图 5.3 所示，分别为休眠期、

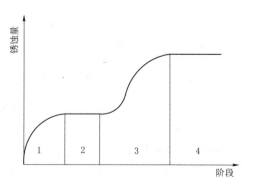

图 5.2 锈蚀量随时间变化曲线

诱发期和加速锈蚀期。模型中，锈蚀的开始，物理上是钢筋保护层的破裂，代表休眠和起始阶段之间的区别点，而裂缝的成核代表锈蚀从起始阶段进入到加速阶段。另外模型认为锈蚀劣化和耐久性退化具有一致性。

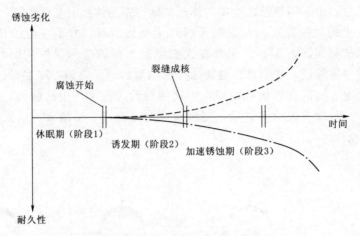

图 5.3 钢筋混凝土锈蚀劣化过程

武丹根据混凝土结构的劣化过程，将混凝土结构寿命分为 4 个阶段如图 5.4 所示。

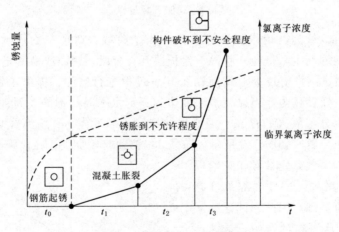

图 5.4 钢筋锈蚀过程示意图

阶段 1：此阶段氯化物侵入到钢筋表面，当氯离子浓度达到钢筋锈蚀的阈值时，或者钢筋处的混凝土中性化，最终破坏钢筋表面的钝化膜。

阶段 2：钢筋锈蚀后，生成的锈蚀产物先填充到钢筋与混凝土界面的孔隙中，锈蚀产物体积不断膨胀使混凝土受到锈胀拉应力，最终混凝土保护层锈胀开裂。

阶段3：混凝土结构表面锈胀裂缝宽度随着锈蚀产物不断生成而扩大，外界的有害物质如水分、氧气、二氧化碳、氯离子等更容易进入混凝土内部到达钢筋表面，钢筋锈蚀程度不断加剧，最终混凝土保护层严重胀裂和剥落。

阶段4：钢筋锈蚀已经致使结构区域性破坏，结构损伤破坏至不安全程度。

由于声发射技术对裂缝产生的高灵敏度性，使其对锈蚀声发射源的检测具有很好的适用性，换句话说，声发射可以检测到锈蚀引起的微裂缝扩展，使其可以发现早期锈蚀的发生。最近有学者使用声发射传感器直接连接到预应力钢筋表面浸泡在溶液中进行锈蚀检测，研究结果表明声发射技术能够检测出锈蚀的积累和氧化膜的破裂。虽然声发射会因为混凝土的存在而产生衰减，但该研究证明了声发射技术对钢筋混凝土早期锈蚀检测的适用性。此外，声发射通过适当的传感器布置，可以快速有效的对整体结构进行健康监测，而不像大多数传统的电化学技术只提供局部评估。同时使用声发射源定位技术还可以确定损伤的位置。

5.2　钢筋混凝土锈蚀试验研究

5.2.1　试件设计

为了检测服役期钢筋混凝土梁的锈蚀过程，揭示其锈蚀机理，选取钢筋混凝土梁板底部一块区域作为研究对象，如图5.5所示，来设计钢筋混凝土小型试件，用于模拟钢筋混凝土梁板底部与氯离子的渗透劣化锈蚀过程。

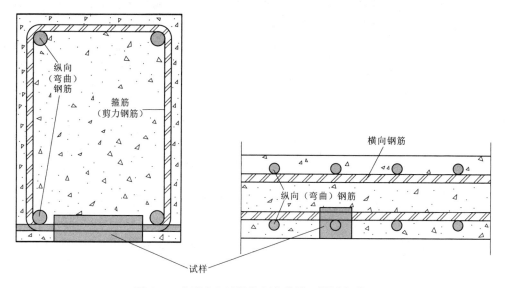

图5.5　小型RC试样的概念设计（阴影部分）

试件尺寸为 100mm×100mm×400mm，纵筋为一根 HPB235Φ10 钢筋，保护层厚度为 20mm，两端各露出纵向 20mm，试件配筋如图 5.6 所示。混凝土的配合比为水泥∶水∶细骨料∶粗骨料＝1∶0.53∶2∶3，采用湖北华新水泥厂生产的 P·O52.5 级普通硅酸盐水泥；水为自来水；细骨料为河砂，细度模数为 2.64；粗骨料为碎石，5～20mm 连续级配。混凝土 28d 抗压强度为 46.3MPa，为了监测服役期钢筋构件锈蚀劣化过程，在试件龄期达到 365d 后进行试验。

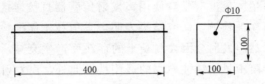

图 5.6 钢筋混凝土试件配筋

5.2.2 加速锈蚀实验装置

试验采用半浸泡外加电流加速锈蚀方法。试件端部钢筋外露处一头焊接 1 根直径 2.5mm 塑料护套铜线。为防止端部接头部位钢筋和导线锈蚀，采用环氧树脂对其进行密封处理。试验前先将试件在浓度为 5% 的 NaCl 溶液中浸泡 72h，然后将钢筋混凝土试件部分置于浓度为 5% 的 NaCl 溶液中，试件浸泡深度为 36mm。为保证试件与 NaCl 溶液充分接触以及试件竖向变形所需的空间，底部采用厚度为 20mm 的大理石作为试件两端的支座。同时在溶液中放入不锈钢钢筋作为辅助电极（阴极），接稳定电流仪的负极，试块内待锈钢筋作为阳极，接稳定电流仪正极，锈蚀电流大小控制为 0.2A，试验工作系统如图 5.7 所示。试验过程中每隔 12h 进行检查，保证整个电解池中 NaCl 溶液液面高度和溶液浓度不变，并定时对阴极不锈钢筋上附着的锈蚀物进行清除，保证加速锈蚀效率。现场试验工作系统布置如图 5.8 所示。

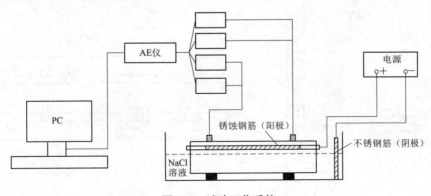

图 5.7 试验工作系统

5.2.3 声发射实验装置

采用北京软岛科技有限公司生产的 DS2 - 8B 声发射采集系统采集和存储声发射信号。传感器类型为 RS - 35C，中心频率 150kHz。通过现场加载设备及周围环境噪声水平测定，前置放大器增益选为 40dB，采样频率为 3MHz，其他参数设置见表 5.1。试验时将 4 个 RS - 35C 传感器固定于钢筋混凝土试件顶

图 5.8 现场试验工作系统布置

部（图 5.8），传感器布置位置如图 5.9 所示，坐标分别为 1（35，15，100），2（35，85，100），3（335，15，100），4（335，85，100）。对混凝土中钢筋通电锈蚀全过程进行间歇采集，当锈胀裂缝达到 0.2mm 时停止信号采集，通过分析波形的关键特性来确认声发射源的性质。

表 5.1 声发射数据采集软件中的参数设置

参　数	单位	取值
门限	dB	40
峰值鉴别时间	μs	50
撞击鉴别时间	μs	200
撞击锁闭时间	μs	300
模拟滤波器下限	kHz	1
模拟滤波器上限	kHz	1000
最大持续时间	ms	1000

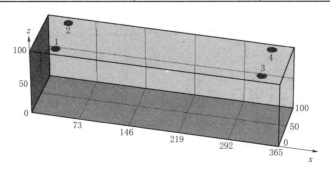

图 5.9 声发射探头在试件上的布置

5.3　参　数　关　联　分　析

声发射振铃计数、能量、幅值和峰值频率作为最常用的声发射分析参数，被广泛应用于工程检测分析中，声发射撞击数量表示信号的活性，声发射能量的大小表示信号的强度，幅值和峰值频率与事件大小有直接的关系，不受门限的影响，直接决定事件的可测性，常用于波源的类型鉴别、强度及衰减的测量。声发射振铃计数能量历程图如图 5.10 所示，声发射幅值峰值频率历程图如图 5.11 所示。由图 5.10 可知，在 11347s 振铃计数和能量存在突变段，由图 5.11 可知，在开始阶段，幅值都在 85dB 以下，平均幅值为 59.7dB，在突变段幅值达到了 93.4dB，之后平均幅值回落到 58.9dB，峰值频率基本维持在 300kHz 以下，在 11347s 和最后阶段，峰值频率到达 800kHz 以上。因为试件龄期在 1 年以上，在加速锈蚀的过程中，全程都有零星的脱钝锈蚀存在，也说明声发射可以用于钢筋混凝土构件的锈蚀劣化监测。

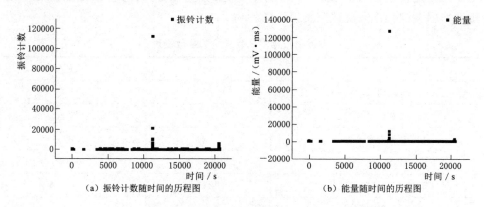

（a）振铃计数随时间的历程图　　　　　（b）能量随时间的历程图

图 5.10　声发射振铃计数能量历程图

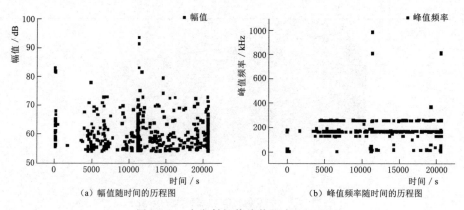

（a）幅值随时间的历程图　　　　　（b）峰值频率随时间的历程图

图 5.11　声发射幅值峰值频率历程图

声发射信号强度（Signal Strength，SS）是指在持续时间内波形的正负包络线所围成的面积，属于信号能量的另一种表达形式，但相比于其他能量计算方法，对门限电平的依赖度小，

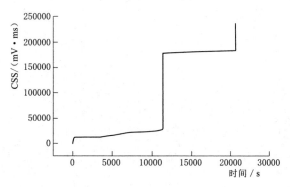

图 5.12　累积信号强度曲线

且能更合理的表征损伤能量为加速锈蚀钢筋混凝土试件的声发射累积信号强度（CSS）曲线，如图 5.12 所示在加载开始阶段，钢筋开始脱钝，锈蚀开始且锈蚀产物逐渐填充钢筋与混凝土间的微小孔隙，此时 CSS 曲线斜率小，声发射活性低，在 11347s，CSS 曲线斜率直线上升，说明在短时间内有较强的能量释放，结合图 5.10 和图 5.11，我们可以推断，此时试件开始锈胀开裂，随后 CSS 增加再次进入停滞期，随着锈蚀产物的不断累积填充，钢筋周围的锈胀应力逐渐达到了混凝土抗拉强度，混凝土保护层开裂，表面出现锈胀裂缝，此时 CSS 曲线达到第二个上升阶段。

锈胀开裂前、锈胀开裂时和锈胀开裂后三个阶段的峰值频率与幅度的关联图分别如图 5.13、图 5.14 和图 5.15 所示。由图可知：在锈胀开裂前声发射信号幅度在 53dB 和 83dB 之间，峰值频率在 0～260kHz 之间，并分为 0～50kHz，130kHz 附近，160kHz 附近和 265kHz 附近 4 个组丛，它们包含着钢筋脱钝、锈

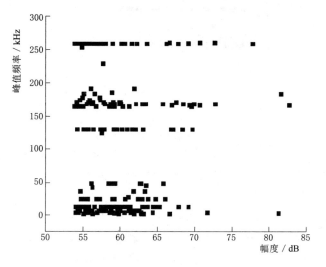

图 5.13　锈胀开裂前峰值频率与幅度的关联图

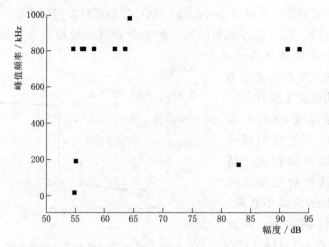

图 5.14　锈胀开裂时峰值频率与幅度的关联图

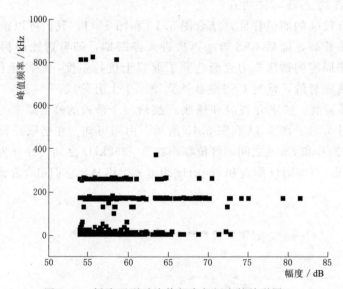

图 5.15　锈胀开裂后峰值频率与幅度的关联图

蚀产物填充裂缝和噪声等产生的声发射信号；在锈胀开裂时刻，声发射信号幅度在 53dB 和 95dB 之间，峰值频率在 0～965kHz 之间，主要集中的 810kHz 附近，说明锈胀开裂的峰值频率有别于钢筋脱钝、锈蚀产物填充裂缝和噪声等产生的声发射信号，锈胀开裂的峰值频率在 810kHz 附近；在锈胀开裂后直至保护层开裂，声发射信号幅度在 53dB 和 83dB 之间，峰值频率在 0～810kHz 之间，分别为 0～50kHz、130kHz 附近、160kHz 附近、265kHz 附近和 810kHz 附近等 5 个组丛，说明锈胀开裂后，钢筋脱钝、锈蚀产物填充裂缝、噪声及混凝土锈胀内裂时有发生。

5.4 参数频谱特征分析

钢筋混凝土构件破坏过程中细部机理复杂，破坏源释放的声发射信号掺杂了多种破坏模式下的声发射信号。通过第5.3节的分析，发现不同声发射源的峰值频率和幅值各不相同，那么不同破坏模式下的声发射信号参数特征是否也会不同呢？为了通过声发射技术实现劣化机理的识别，方便声发射探伤的工程应用，需要对混合的声发射信号进行筛分，并最终将筛分归类的声发射信号与破坏模式相对应。为此下面选择本章前面的钢筋混凝土加速锈蚀小梁，第4章的10%锈蚀率轴心受压柱和0%锈蚀率轴心受压柱声发射实验结果，提取其声发射波形信号如图5.16所示，并对其中部分参数进行对比，见表5.2。

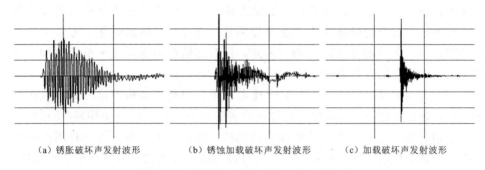

（a）锈胀破坏声发射波形　（b）锈蚀加载破坏声发射波形　（c）加载破坏声发射波形

图5.16　不同破坏形式下声发射试验波形

表5.2　　　锈胀破坏、锈蚀加载破坏和加载破坏声发射参数表

参　数	锈胀破坏	锈蚀加载破坏	未锈蚀加载破坏
幅值/dB	51.6	60.7	60.3
上升时间/μs	25.3	109.2	163.2
持续时间/μs	411	3929	4487
能量/(mV·ms)	28.1	72.5	115
振铃计数	68.6	72.7	109.3
有效值电压/V	23.8	25.4	22.8
峰值频率/kHz	123.9	60.8	57.7

表5.2中的数值为各类信号参数的均值，由表可知：锈胀破坏试件的幅值、上升时间、持续时间和能量等参数的均值均远远小于锈蚀加载破坏试件和未锈蚀加载破坏试件，峰值频率均值为123.9kHz，远远高于锈蚀加载破坏试件的60.8kHz和未锈蚀加载破坏试件的57.7kHz；锈蚀加载破坏试件的上升时间、持续时间、能量和振铃计数均明显小于未锈蚀加载破坏试件。由图5.16不同加

载模式的声发射波形图可知，钢筋锈蚀会使频率范围变得狭窄。

通过以上分析发现，钢筋混凝土构件锈胀破坏和加载破坏的声发射参数有明显的差异，以此可以对锈胀裂缝和荷载裂缝进行区分，荷载裂缝可以通过第 4 章讨论的方法对损伤劣化进行识别，钢筋锈蚀引起的混凝土损伤劣化的描述需要进一步的探讨。

5.5　钢筋混凝土加速锈蚀劣化定量分析

5.5.1　声发射强度分析方法

钢筋锈蚀是钢筋混凝土结构性能退化的主要原因，特别是在沿海地区或使用除冰盐的地区。然而，确定钢筋混凝土或预应力钢筋混凝土结构的劣化程度是困难的，只有通过破坏结构才能获得钢筋。此外，可用的电化学方法来评估锈蚀损伤是侵入性的还是局部的。因此，目前的锈蚀测量需要大量的时间，并且还需要高成本的劳动力和设备。

一些试验研究已经研究了声发射技术在钢筋混凝土结构中检测锈蚀损伤的可行性，这些研究表明声发射与锈蚀损伤密切相关。其中 Li 等采用湿/干循环对小尺度钢筋混凝土试件进行了加速锈蚀试验，研究结果表明，可以利用声发射的累积计数来检测锈蚀损伤，并将声发射检测结果与电化学检测结果进行比较。Ohtsu 和 Tomoda 使用 b 值分析和平均频率的关系来检测小型 RC 试件的锈蚀。近几年研究人员又对预应力混凝土试件进行了类似的研究，这些研究表明声发射技术是一种很有前景的锈蚀损伤检测方法。但到目前为止，这些研究仅对声发射检测结果和锈蚀程度进行了对比分析，并无一套完整的声发射锈蚀损伤检测技术，人们对钢筋锈蚀的全过程研究不足，目前在构件方面的试验研究中，均是对构件进行加速锈蚀达一定锈蚀量后，进行受力试验。这样的试验并不能反映构件锈蚀破坏的全过程，只能是某一锈蚀量下的性能，而构件锈蚀破坏是一个过程，了解其破坏过程对研究耐久性可能导致的结果和评估是很有必要的。

最近研究人员提出了声发射强度分析方法（intensity analysis）对损伤进行量化的应用，提出了基于强度分析的损伤定量分析方法。该方法由 Fowler、Blessing 等提出，以评估纤维增强聚合物器皿和容器的损伤。近年来，该方法的应用扩展到混凝土结构的材料劣化机理，如锈蚀。该方法通过计算两个指标来确定声发射的强度：历史指数（historic index，HI）和严重值（severity value，Sr）。历史指数 HI 是趋势分析的一种形式，通过比较最近事件的平均信号强度和所有事件的平均信号强度，估计声发射信号中斜率的变化。该参数试图提供一种方法来表明单元中存在的损伤程度。严重程度 Sr 被定义为一些事件（J）

的平均信号强度，（J）具有最大的信号强度数值。强度分析图表是根据严重程度和历史指数而制定的，并被划分为不同的区域，对应不同程度的损害。国外研究人员主要是利用强度分析对加载锈蚀梁进行损伤评定，国内李冬生等利用强度分析法对循环加载纤维钢筋混凝土梁损伤劣化进行了分析，本章拟对加速锈蚀钢筋混凝土小梁损伤劣化进行定量分析。

历史指数（HI）和严重值（Sr）能够帮助我们评估构件的负载能力和退化的程度。为了分析声发射损伤源的强度，需要将系统记录的声发射信号的 HI 和 Sr 计算出来，然后分析其值的变化情况，并用图示的方式形象直观地表达出来。

$$HI = \frac{N}{N-K} \frac{\sum\limits_{i=K+1}^{N} S_{oi}}{\sum\limits_{i=1}^{N} S_{oi}} \tag{5.1}$$

式中：N 为从加载开始到 t 时刻的声发射事件数；S_{oi} 为第 i 个声发射事件的信号强度；K 为一个与 N 有关的经验因数，对钢筋混凝土结构构件来说，K 的值可以按照如下标准进行选取：

$$\begin{cases} K=0, N \leqslant 50 \\ K=N-30, 51 \leqslant N \leqslant 200 \\ K=0.85N, 201 \leqslant N \leqslant 500 \\ K=N-75, N \geqslant 501 \end{cases} \tag{5.2}$$

另一个指标，Sr 是指 t 时刻 50 个最大声发射信号强度值的平均值，可以用下面的公式计算：

$$Sr = \frac{1}{J} \left(\sum_{m}^{J} S_{om} \right) \tag{5.3}$$

式中：Sr 为声发射的严重值；S_{om} 为声发射信号强度值由大到小排列第 m 个信号强度值；J 为构件材料有关的经验常数，对于钢筋混凝土结构构件来说，J 的值可按照如下标准进行选取：

$$\begin{cases} J=0, N<50 \\ J=50, N \geqslant 50 \end{cases} \tag{5.4}$$

5.5.2 钢筋混凝土加速锈蚀劣化定量分析

强度分析 Matlab 计算程序见附录 A，将试验得到的声发射强度信号参数代入强度分析算法程序，得到的 HI 指标曲线（图 5.17）和 Sr 值曲线（图 5.18）。历史指数 HI 是趋势分析的一种形式，通过比较最近事件的平均信号强度和所有事件的平均信号强度，估计声发射信号中斜率的变化。严重值 Sr 是对于给定数量（J）事件信号强度最大值的平均信号强度。严重值随着荷载（应力）增长能单调增长或保持常数。严重值的迅速增大通常伴随较大的材料损伤，相应也会计算出较大的 Felicity 比，随着损伤继续增加，Sr 值也大幅增长。由 HI 指标曲线（图 5.17）可知，在 11347s 到 13081s，HI 指数突然增长，说明这段时间由于锈胀产生的应力引起了密集强烈的声发射活动，可以推断与锈胀开裂有关。从 Sr 值曲线（图 5.18）可以看出，从试验开始混凝土损伤严重值不断攀升，说明龄期 1 年的试件已经脱钝锈蚀，在加速锈蚀过程中，损伤不断累积，在 11347s，严重值迅速增大，有个明显的跃迁，说明此时材料有较大的损伤，和前面一样，可以推断此时为锈胀开裂时刻，之后还有两次较大的增长，说明裂缝在不断地增加，随后，Sr 值增长斜率减小，钢筋锈蚀引起的混凝土损伤劣化变缓。

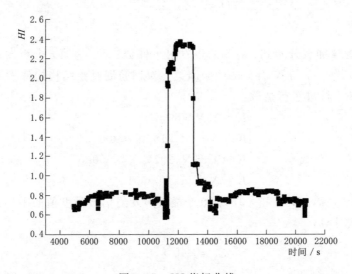

图 5.17　HI 指标曲线

　　前述国内外学者对钢筋混凝土锈蚀劣化的过程根据不同的原则进行了划分，本实验根据声发射信号特征、钢筋混凝土小梁的损伤情况以及声发射强度分析结果，将试件钢筋锈蚀及混凝土损伤劣化分为以下 4 类，即图 5.19 中的 4 个区域：

　　A 区，无损伤：在此水平下，声发射信号极少，氯离子浓度未达到钢筋锈蚀的阈值，钢筋仍处于被动状态，无锈蚀损伤。

　　B 区，轻微损伤：在这一层，锈蚀刚刚开始，Sr 值和 HI 值比较集中，从钢筋脱钝，锈蚀产物快速产生填充钢筋与混凝土表面及混凝土之间的孔隙，直至锈胀开裂。

　　C 区，中度损伤：具有较多的声发射信号，Sr 值较为集中，处于高位，HI

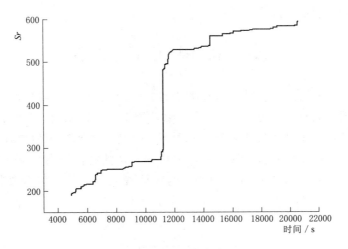

图 5.18　*Sr* 值曲线

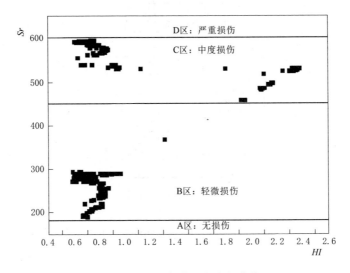

图 5.19　锈蚀损伤强度指标曲线

值分布较广，从锈胀开裂开始，随着锈蚀产物的不断堆积，直至保护层开裂，在裂缝发展过程中，不断有高强声发射信号产生。

D 区，严重损伤：更多宏观裂缝形成。

锈蚀损伤强度指标曲线如图 5.19 所示，将原始构件-钢筋混凝土锈蚀损伤小梁的劣化程度进行了划分，这使得声发射技术发展成为一种损伤量化的工具，在损伤监测过程中可以提前检测到损伤的发生，在严重破坏如宏观开裂或剥落之前，进行修复。但该方法还需通过对不同构件类型、尺寸、配筋、规模和暴露条件下的试样进行长期锈蚀试验，对其有效性进行进一步的检验，并研究在现场结构中使用这种方法的可行性。

5.6　监测工作流程

为了便于钢筋混凝土时变损伤劣化的监测和识别，给结构的维护提供及时的参考，钢筋混凝土结构时变损伤声发射监测工作流程如图 5.20 所示。首先通过声发射信号的收集，判别分类声发射源，分别对锈蚀损伤和加载损伤的声发射信号进行进一步的分析，通过强度分析确定锈蚀损伤级别，通过突变分析和高斯混合模型对加载损伤进行识别，给钢筋混凝土结构修复和加固决策提供参考。

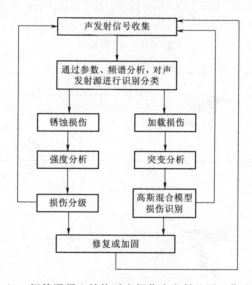

图 5.20　钢筋混凝土结构时变损伤声发射监测工作流程图

5.7　本章小结

（1）通过声发射参数关联分析，发现锈蚀开始阶段峰值频率基本维持在 300kHz 以下，锈胀开裂后，锈胀开裂的峰值频率在 810kHz 附近，通过声发射累积信号强度（CSS）分析，可以确定锈胀开裂时刻。

（2）通过钢筋混凝土加速锈蚀的声发射参数频谱特征分析，发现钢筋混凝土构件锈胀破坏和加载破坏的声发射参数有明显的差异：锈胀破坏试件的幅值、上升时间、持续时间和能量等参数的均值远远小于锈蚀加载破坏试件和未锈蚀加载破坏试件，峰值频率均值为 123.9kHz 远远高于锈蚀加载破坏试件的

60.8kHz 和未锈蚀加载破坏试件的 57.7kHz；锈蚀加载破坏试件的上升时间、持续时间、能量和振铃计数均明显小于未锈蚀加载破坏试件。通过该方法我们可以对锈蚀损伤和加载损伤进行区分。

（3）给出了加速锈蚀全过程强度分析法 Matlab 计算程序（附件 A），将试验得到的声发射强度信号参数代入强度分析算法程序，得到的 HI 指标和严重值 Sr。从 HI 指标曲线可以判断锈胀开裂的过程。从 Sr 值曲线可以看出试件锈蚀劣化的增长过程。根据声发射强度分析结果，将钢筋混凝土锈蚀损伤小梁的劣化程度进行了划分，分别为：A 区，无损伤；B 区，轻微损伤；C 区，中度损伤；D 区，严重损伤。这使得声发射技术发展成为一种损伤量化的工具，在损伤监测过程中可以提前检测到损伤的发生，在严重破坏如宏观开裂或剥落之前，进行修复。

（4）结合前面章节对时变损伤的监测、诊断和评估的研究，给出了钢筋混凝土结构时变损伤声发射监测工作流程图，给钢筋混凝土结构修复和加固决策提供参考。

第 6 章

声发射技术应用实例 1
——偏心荷载下锈蚀混凝土柱

6.1 试 验 过 程

6.1.1 柱的设计

在这个试验中，共制备钢筋混凝土柱 9 根。柱的尺寸和配筋如图 6.1 所示。柱截面设计为 120mm×120mm，高度为 750mm，长细比为 6.25。试件主筋、箍筋均为 HRB235 光圆钢筋，主筋采用Φ10，箍筋采用Φ6@50~100，混凝土保护层厚度为 15mm。本试验使用的钢筋力学性能见表 6.1。本试验中，准备了锈蚀度为 10％的钢筋混凝土柱的 3 个偏心距进行压缩试验。柱的偏心距和腐蚀程度见表 6.2。不同偏心距的示意图如图 6.2 所示。每个偏心距含有 3 个重复列，并可得出平均结果。

表 6.1　　　　　　　　　　　钢 筋 的 力 学 性 能

力学性能	主筋	箍筋
公称直径/mm	10	6
屈服强度/MPa	333.17	421.44
极限强度/MPa	477.91	553.90
弹性模量/MPa	184	205
伸长率/％	25.84	18.86

表 6.2　　　　　　　　　　不同柱的偏心距和腐蚀程度

参　数	轴压柱		小偏心柱	大偏心柱
偏心距/mm	0	0	25	80
锈蚀程度/％	0	10	10	10

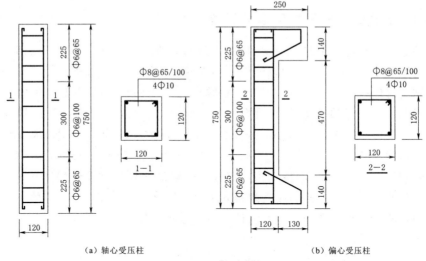

（a）轴心受压柱　　　　　　　　　（b）偏心受压柱

图 6.1　柱的尺寸和配筋

试件混凝土配合比为水泥：水：砂子：粗骨料＝1：0.53：2.0：3.0，矿渣替代水泥量为 50％（表 4.2）。PI 型硅酸盐水泥，碱含量（以 $Na_2O + 0.658K_2O$ 计）小于 0.60％，细度为 $350m^2/kg$。河砂，细度模量为 $2.5 \sim 2.6$，含泥量（按质量计）小于 1.5％，泥块含量（按质量计）小于 0.5％；破碎石灰岩，5～20mm 连续级配、最大粒径为 20mm，含泥量（按质量计）小于 0.5％，泥块含量为零。S95 级磨细矿渣，系江南水泥粉磨公司的产品，细度 $450m^2/kg$。3 种尺寸为

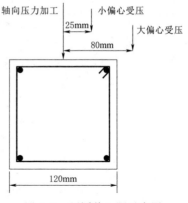

图 6.2　不同偏心距示意图

100mm×100mm×100mm 的立方混凝土试样 28d 龄期抗压强度值分别为 41.3MPa、44.5MPa 和 45.9MPa。混凝土的抗压强度为 41.60MPa，尺寸效应系数为 0.95。

6.1.2　加速腐蚀柱制备

浇铸完成后，在 95％相对湿度和 23℃条件下养护。浇铸 1d 后脱模，养护 6 个月。养护完成后，采用外加电流法加速钢筋的锈蚀。柱包裹一层含 3.5％NaCl 溶液的海绵，然后用一层不锈钢网包裹湿海绵。之后，将柱中的钢筋连接到阳极，不锈钢网连接到直流电源的阴极进行腐蚀。腐蚀电流密度控制在 $0.0002A/cm^2$。根据法拉第定律，要达到设计腐蚀程度的 10％，轴压柱和偏心压柱的腐蚀持续时间分别为 705h 和 764h。

6.1.3　加载试验和声发射信号采集

加载试验和声发射监测系统配置如图 6.3 所示。采用位移控制加载方式，加载速率为 0.5mm/min。加载过程中同步进行声发射信号采集，传感器型号为北京软岛时代有限公司 RS‐2A，中心频率为 150kHz。声发射检测系统包含 8 个传感器通道，可检测频率范围为 50～400kHz。加载过程中，声信号是连续的，由 8 个传感器采集，每小时采集的数据文件大小约为 180GB。选择前置放大器增益为 40dB，采样频率为 3MHz。为了消除数据分析中噪声的影响，进行了试验测试，确定了 40dB 的阈值。这样，采集到的数据直接进行分析，不再采取进一步的噪声过滤。柱表面共附着 8 个 AE 传感器。其中，4 个传感器布置在拉表面，两侧各布置 2 个。声发射传感器位置布置如图 6.4 所示。

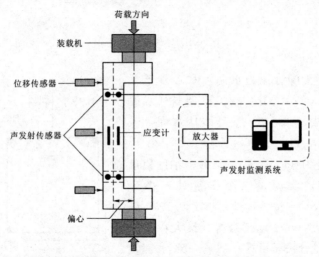

图 6.3　加载试验与声发射监测系统示意图

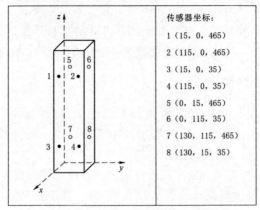

图 6.4　声发射传感器位置布置

6.2 声发射事件定位

声发射技术可以通过各传感器到达时间的时间差来定位裂缝位置。不同加载程度下大偏心柱裂缝位置如图 6.5 所示。

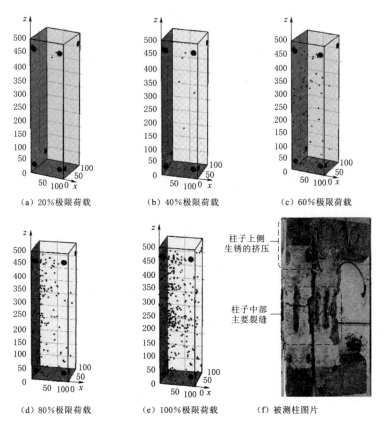

(a) 20%极限荷载　　　(b) 40%极限荷载　　　(c) 60%极限荷载

(d) 80%极限荷载　　　(e) 100%极限荷载　　　(f) 被测柱图片

图 6.5　不同加载程度下大偏心柱裂缝位置

从图 6.5 (a) 中可以看出,腐蚀柱在加载初始时刻就出现了裂缝。首先声发射事件发生在柱的上部,然后裂缝出现在柱的中部。这可归因于腐蚀产物的积累。累积的腐蚀产物对周围混凝土产生膨胀应力,诱发一些腐蚀裂缝。然后,当锈蚀柱初始加载时,这些锈蚀膨胀裂缝已不同程度闭合或扩大。当加载程度为极限荷载的 20%～40%时,定位点主要集中在中上部,这可能解释了腐蚀产物积聚在柱的上部。从图 6.5 (f) 中可以观察到,在柱的上部有锈蚀从柱中挤出。同时,柱中部开始出现定位点,说明中间的微裂缝开始扩大。随着荷载的增加,声发射事件逐渐汇集到柱中部的张力区 [图 6.5 (d)、(e)],这与偏心柱的宏观力学特性是一致的。当达到极限荷载时，能量突然释放，混凝土开裂、剥落。声发射结果与图 6.5（f）所示腐蚀钢筋混凝土柱脆性破坏特征一致。

将声发射定位结果与图 6.5 中的实际破坏形态进行对比，可以发现声发射方法可以定位钢筋混凝土柱裂缝的初始和扩展。但定位算法依赖于时差进行定位，只能反映裂缝的初始和稳定扩展过程。此外，由于混凝土结构的复杂性，声发射波形在很大程度上取决于声源到传感器的传播路径。声发射信号率还取决于参数选择、测试程序和传感器分布等诸多因素。虽然声发射信号可以捕捉到结构内部损伤的明显迹象，但它只能粗略地定位损伤位置。在实际工程实践中，裂缝类型的识别也很重要，因为它关系到结构的使用寿命预测和修复方法的确定。因此，在下面的章节中，采取 GMM 方法识别受试柱的损伤，并与 RA‐AF 方法进行比较。

6.3 RA‐AF 分析结果

不同荷载水平下不同腐蚀程度和偏心水平柱的 RA‐AF 分析结果分别如图 6.6 和图 6.7 所示。可以看到，与低负荷水平相比，高负荷水平下检测到的声发

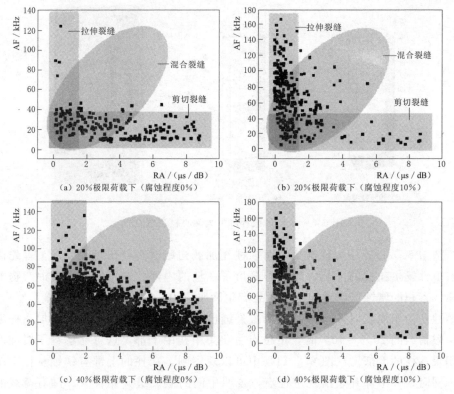

图 6.6（一） 腐蚀程度为 0% 和 10% 的不同荷载水平下轴向柱的 RA‐AF 结果

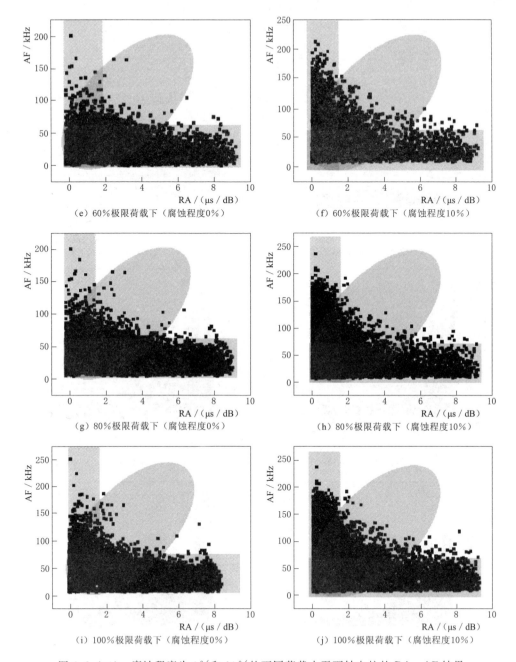

（e）60％极限荷载下（腐蚀程度0％）

（f）60％极限荷载下（腐蚀程度10％）

（g）80％极限荷载下（腐蚀程度0％）

（h）80％极限荷载下（腐蚀程度10％）

（i）100％极限荷载下（腐蚀程度0％）

（j）100％极限荷载下（腐蚀程度10％）

图 6.6（二）　腐蚀程度为 0％和 10％的不同荷载水平下轴向柱的 RA－AF 结果

射事件更多，图 6.6 和图 6.7 中绘制的数据点也更多。这一观察结果与图 6.5 得出的结论相一致。在 RA－AF 分类方法中，高 AF 信号与低 RA 值被分类为拉伸裂缝，低 AF 信号与高 RA 值被分类为剪切裂缝。有研究者通过特殊的实验设计来控制裂缝的产生方式，得到了拉裂和剪切裂缝之间清晰的边界。

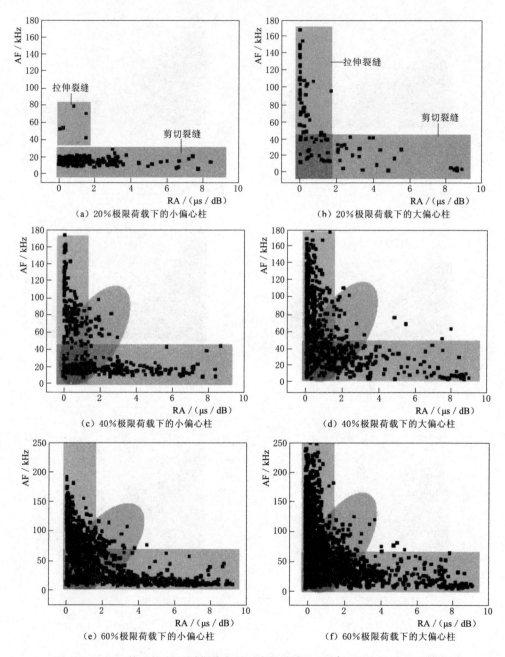

图 6.7（一）　偏心柱在不同荷载水平（腐蚀程度＝10％）下的 RA－AF 结果

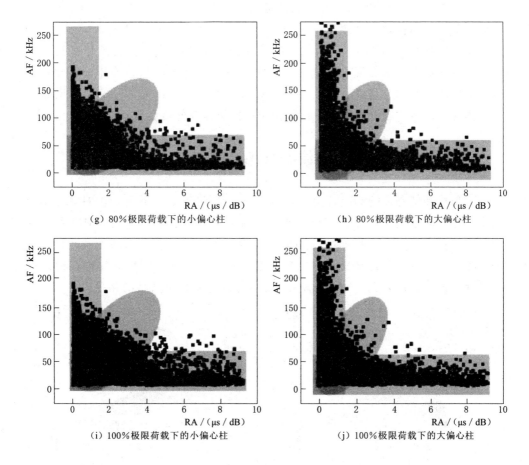

（g）80%极限荷载下的小偏心柱　　　　　　（h）80%极限荷载下的大偏心柱

（i）100%极限荷载下的小偏心柱　　　　　　（j）100%极限荷载下的大偏心柱

图 6.7（二）　偏心柱在不同荷载水平（腐蚀程度＝10%）下的 RA－AF 结果

　　由图 6.6 可知，对于轴压柱，当荷载水平较低时（即：20%和 40%荷载水平时），未腐蚀柱的裂缝以剪切裂缝居多，而腐蚀柱的拉伸裂缝居多。众所周知，在轴压作用下，混凝土首先产生剪切裂缝。腐蚀轴压柱拉伸裂缝较多的原因可以归结为预先产生的裂缝和腐蚀产物的积累。轴压作用下，预生裂缝中的腐蚀产物具有楔形效应。因此，随着施加的压缩荷载，腐蚀柱中检测到更多的拉伸裂缝。

　　然而，目前还没有完善的标准来定义剪切裂缝和拉伸裂缝之间的分界线。由图 6.7 可知，在 RA－AF 分析结果中，数据点是随机分散的。以图 6.7（c）为例，一些数据点沿 x 轴分布，可定义为剪切裂缝（下侧长方形区域），另一些数据点沿 y 轴分布，可识别为拉伸裂缝（上侧长方形区域）。然而，有许多数据点落在两个区域之间，这些数据点被定义为混合裂缝（椭圆区域）。在低荷载水平下，如图 6.7（a）和（b）所示大小偏心柱的 20％荷载水平下，可以观察到明显的边界，因为在低荷载水平下，拉伸区和压缩区产生了少量裂缝。然而，当荷载水平增加时，如图 6.7（c）～（j）所示，拉伸裂缝区与剪切裂缝区边界模糊，有许多数据点落在混合裂缝区。边界不清的原因可以归结为压缩区和拉伸区之间区域产生的裂缝。在这个区域，混凝土既要承受压应力，又要承受拉应力。因此，产生的裂缝不能简单地归类为拉伸裂缝或剪切裂缝。

6.4　不同偏心柱 GMM 分析结果

轴压柱和偏心柱的 GMM 分析结果如图 6.8 和图 6.9 所示。在 GMM 结果图中，深色区域表示高概率密度，浅色区域表示低概率密度。从 GMM 数据图中可以观察到两点：①拉伸裂缝和剪切裂缝在不同加载阶段（即加载阶段）的分布相交，且具有混合高斯概率密度函数关系；②在剪切裂缝和拉伸裂缝之间明显存在边界进行分类，GMM 方法可以为损伤识别提供清晰的路径。

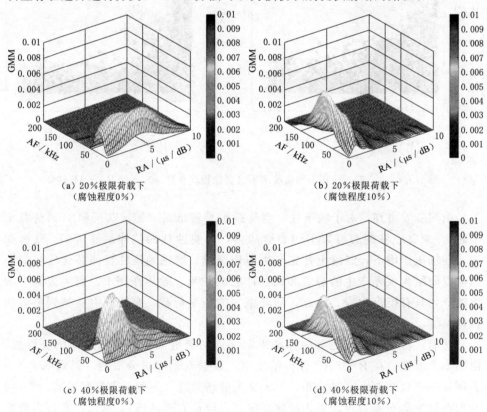

图 6.8（一）　不同荷载水平下，腐蚀程度分别为 0％和 10％的轴压柱 GMM 结果

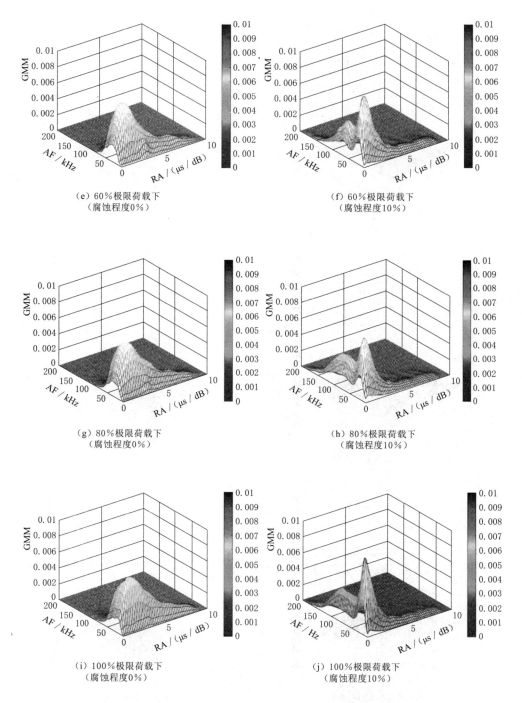

（e）60％极限荷载下
（腐蚀程度0％）

（f）60％极限荷载下
（腐蚀程度10％）

（g）80％极限荷载下
（腐蚀程度0％）

（h）80％极限荷载下
（腐蚀程度10％）

（i）100％极限荷载下
（腐蚀程度0％）

（j）100％极限荷载下
（腐蚀程度10％）

图 6.8（二） 不同荷载水平下，腐蚀程度分别为 0％和 10％的轴压柱 GMM 结果

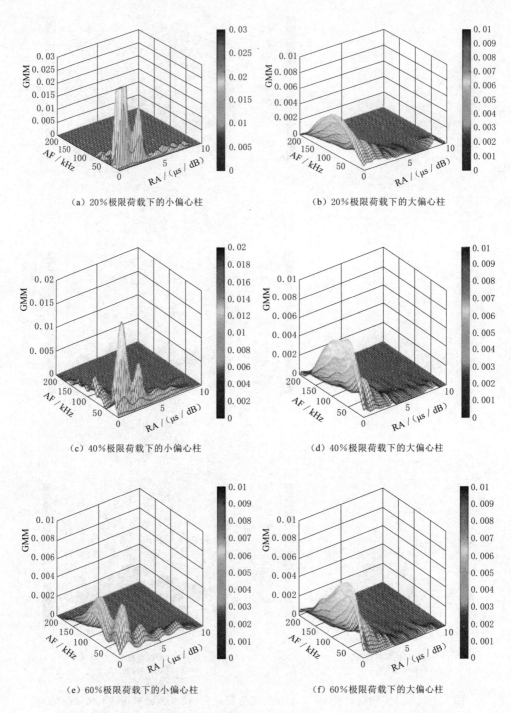

（a）20%极限荷载下的小偏心柱   （b）20%极限荷载下的大偏心柱

（c）40%极限荷载下的小偏心柱   （d）40%极限荷载下的大偏心柱

（e）60%极限荷载下的小偏心柱   （f）60%极限荷载下的大偏心柱

图 6.9（一） 偏心柱在不同荷载水平（腐蚀程度＝10％）下的 GMM 结果

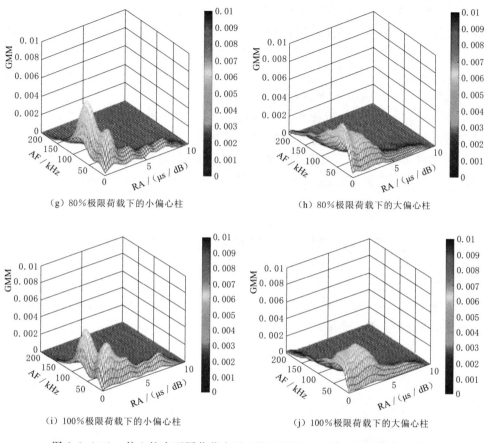

（g）80％极限荷载下的小偏心柱　　　（h）80％极限荷载下的大偏心柱

（i）100％极限荷载下的小偏心柱　　　（j）100％极限荷载下的大偏心柱

图 6.9（二）　偏心柱在不同荷载水平（腐蚀程度＝10％）下的 GMM 结果

由图 6.8 可知，对于无腐蚀的轴压柱，大部分事件发生在 RA 区域，即剪切裂缝。随着负荷水平的增加，事件发生的密度向 RA 和 AF 区域的中间移动。结果证实：在轴压作用下，剪切裂缝的产生是混凝土柱破坏的关键。然而，当腐蚀程度为 10％时，大多数事件发生在 AF 线附近，这表明在低荷载水平（即20％~40％的极限荷载）。在较高的负荷水平下，在 45°斜线附近观察到更多的声发射事件。可以解释为：在腐蚀程度为 10％时，腐蚀产物的积累对钢筋周围产生膨胀应力，表现为混凝土中的拉应力。因此，在外部轴向荷载的作用下，那些腐蚀产物被压缩，膨胀应力被升级。因此，在低荷载水平下产生拉伸裂缝。然后，随着荷载水平的增加，这些产生的拉伸裂缝连接，且腐蚀产物不可压缩。因此，在高荷载水平下产生了一些剪切裂缝，导致 GMM 分布向 45°斜线区域移动。

小偏心受压柱在低荷载水平（即 20％和 40％）下的 GMM 图在 RA 线附近

出现两个主要峰值，表明剪切裂缝的产生。然而，在高负荷水平（即 60％～100％负荷水平）下，在 AF 线和 RA 线附近分别观察到两个主峰。结果表明，腐蚀程度为 10 ％时，腐蚀产物堆积产生的膨胀应力在小偏心距下产生剪切裂缝。随后，随着荷载水平的提高，产生了更多的拉伸裂缝，在 AF 线附近观察到了一个主峰。

　　然而，大偏心压缩柱的 GMM 曲线不同，主要峰值出现在低荷载水平时的 AF 线附近（20％～60％负荷水平），随着负荷水平的提升，主峰逐渐向 RA 线移动。结果表明，当偏心距较大时，低荷载水平下产生的裂缝为张拉裂缝，其可能在远离加载点的区域内累积。然后，随着荷载水平的升高，在靠近加载点的区域产生了一些剪切裂缝。因此，GMM 图的主峰从 AF 线区域移动到 RA 线区域。

6.5　GMM 图中拉伸和剪切裂缝的分类

　　由图 6.8 和图 6.9 中可知，在不同的加载情况下，GMM 图中出现了峰值，这为拉伸裂缝和剪切裂缝的分类提供了可能。本章提出了一种 GMM 图中拉伸裂缝和剪切裂缝的简单分类方法。该方法由 4 个步骤组成，具体如图 6.10 所示。

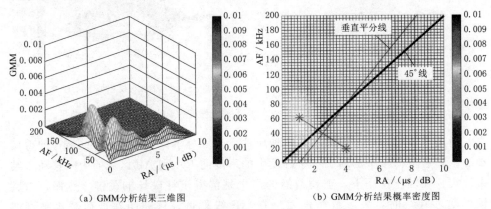

（a）GMM分析结果三维图　　　　　　（b）GMM分析结果概率密度图

图 6.10　小偏心柱在 100％极限荷载下的三维和二维 GMM 结果图

　　步骤 1：在 GMM 图的二维等高线图中绘制 45°斜线。

　　步骤 2：找出 45°斜线上下区域的主要峰点，在 RA－AF 方法中通常分为拉伸裂缝和剪切裂缝区域。

　　步骤 3：连接主峰点，并绘制连接线的垂直平分线。

　　步骤 4：将垂直平分线上部区域的事件标记为拉伸裂缝，将垂直平分线下部区域的事件标记为剪切裂缝。

　　GMM 图二维等高线图中的垂直平分线可以用线性函数 $y = ax + b$ 来描述，

其中 a 表示斜率，b 表示截距。然后就可以确定拉伸裂缝和剪切裂缝的密度。垂直平分线参数与裂缝比例的结果见表 6.3。研究发现，随着荷载水平的升高，无腐蚀轴向受压柱的斜率不断减小。腐蚀程度为 10％ 的轴压柱和大偏心距的柱也有类似的趋势。小偏心受压柱的荷载水平斜率有增大的趋势。

裂缝类型的分类结果对 GMM 图的定性观测结果进行了定量评价。对于无腐蚀的轴向压缩柱，拉伸裂缝率从 20％ 荷载水平时的 1.36％ 增加到 100％ 荷载水平时的 24.98％。当腐蚀程度为 10％ 时，随着荷载水平的发展，拉伸裂缝率从 89.77％ 下降到 19.06％。对于小偏心受压柱，在 20％ 荷载水平下，拉伸裂缝率仅为 0.99％，而在极限荷载水平下，拉伸裂缝率为 60.88％。随着荷载水平的升高，大偏心受压柱的拉裂率从 98.72％ 增加到 49.03％。值得一提的是，本章提出的简单线性分类方法可能忽略了可能存在的混合裂缝。因此，寻找混合裂缝的更准确的分类方法也值得关注。

表 6.3　　　　　　　　　　　　垂直平分线参数及裂缝比例

柱的类型	负荷水平	斜率 a	截距 b	拉伸裂缝	剪切裂缝
轴向受压-无腐蚀	20％	84.02	106.35	1.36％	98.64％
	40％	83.03	−173.49	9.59％	90.41％
	60％	76.61	−189.17	14.52％	85.48％
	80％	75.66	−164.08	19.87％	80.13％
	100％	62.55	−124.07	24.98％	75.02％
轴向受压-10％腐蚀	20％	41.13	−9.20	89.77％	10.23％
	40％	38.66	−9.81	67.49％	32.51％
	60％	38.28	−48.10	38.67％	61.33％
	80％	36.73	−25.26	29.88％	70.12％
	100％	34.71	−29.24	19.06％	80.94％
小偏心受压-10％腐蚀	20％	3.96	29.58	0.99％	99.01％
	40％	10.43	34.09	7.87％	92.13％
	60％	17.90	8.26	39.25％	60.75％
	80％	30.29	−36.26	59.87％	40.13％
	100％	32.41	−29.10	60.88％	39.12％
大偏心受压-10％腐蚀	20％	22.05	28.34	98.72％	1.28％
	40％	19.58	29.78	97.64％	2.36％
	60％	18.46	40.22	94.53％	5.47％
	80％	16.73	37.05	59.81％	40.19％
	100％	14.33	29.25	49.03％	50.97％

6.6　本　章　小　结

（1）RA-AF 分类方法在剪切裂缝和拉伸裂缝之间没有明确定义的标准。RA-AF 法无法确定 RA 和 AF 的比例。

（2）腐蚀和偏心程度对加载过程中产生的裂缝类型都有影响。与未腐蚀柱相比，设计腐蚀程度为 10％的柱在初始加载阶段出现了更多的拉伸裂缝，这可以解释为腐蚀产物积累产生的膨胀应力。

（3）小偏心水平腐蚀柱在初始加载阶段产生的裂缝以剪切裂缝为主，在 AF 线（拉伸裂缝）和 RA 线（剪切裂缝）附近分别出现两个主峰。然而，大偏心水平在初始阶段产生更多的拉伸裂缝，GMM 峰值逐渐向 AF 线移动，表明高加载水平产生更多的剪切裂缝。

（4）与 RA-AF 方法相比，GMM 计算结果清晰地反映了加载过程中产生的裂缝类型的转变。基于 GMM 计算结果，提出了一种简单的 4 步法对 GMM 图中的裂缝类型进行分类，分类结果定量评价了 GMM 图中的裂缝类型。

第7章

声发射技术应用实例 2
——钢纤维盾构管片

7.1 管片加载方案

水平加载系统中通过 12 点的集中荷载来模拟实际盾构隧道结构所承受的地层抗力、水土压力和地面超载等荷载。12 个加载点按对称原则分为 4 组（图 7.1），即 P1（2 个加载点）、P2（2 个加载点）、P3（4 个加载点），P4（4 个加载点）。试验加载采用液压加载系统，组内每点荷载值相同，加载时完全同步。实验前对实际工况和试验条件下隧道结构的变形和内力进行对比分析，并基于变形和控制截面内力等效的原则来设计试验荷载。

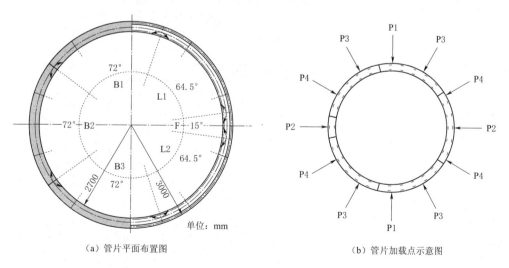

（a）管片平面布置图　　　　　　　　（b）管片加载点示意图

图 7.1　剪力墙应变片布置区域示意

7.1.1 少筋钢纤维混凝土管片 S1 和普通钢筋混凝土管片 G1 加载方案

少筋钢纤维混凝土管片 S1 和普通钢筋混凝土管片 G1 的轴力弯矩如图 7.2 所示，根据不同工况计算管片在不同工况下的荷载值，以下是 4 种工况下荷载值的计算步骤。

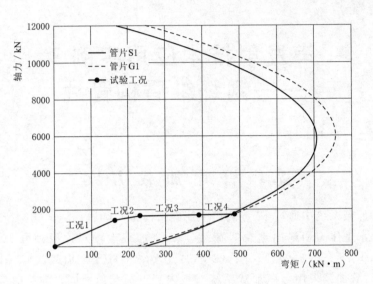

图 7.2 管片 S1 和 G1 轴力弯矩图

（1）工况 1：加载至 16 号线阿—阿区间最大设计水土压力。

步骤 1：将最大设计水土压力转换为 12 点等效试验荷载。

阿—阿区间最大设计水土压力见表 7.1。

表 7.1 　　　　　　　　阿—阿区间最大设计水土压力 　　　　　单位：kN/m

方向	顶部水土压力	底部水土压力	侧向水土压力（上）	侧向水土压力（下）
水土压力	205.9	327.5	94.2	145.8

注　1. 水土压力为一环管片，并非每延米。

　　2. 表中压力不含管片自重，管片容重为 25kN/m³。

　　3. 表中压力不含地层抗力，地层基床系数垂直 30MPa/m²，水平 35MPa/m²。

管片水土压力简图如图 7.3 所示，采用二维平面模型，未考虑纤维的增强作用，取 C50 混凝土本构，考虑接头对整环刚度的折减（系数取 0.8），按梁单元均布荷载形式进行实际荷载（水土压力）加载，同时考虑重力和地层抗力（用弹簧模拟）的影响求得整环的内力、变形分布，如图 7.4 和图 7.5 所示。

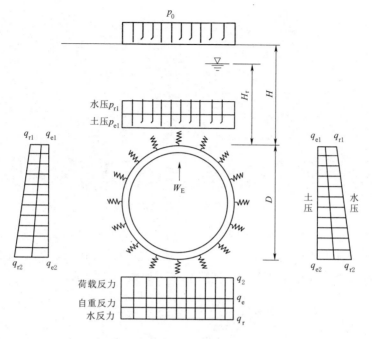

图 7.3　管片 S1 和 G1 水土压力简图

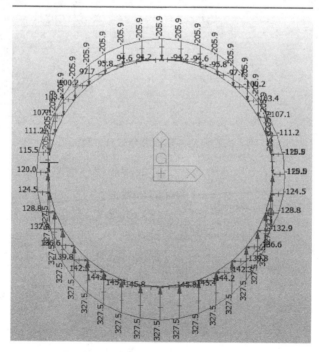

图 7.4　管片 S1 和 G1 荷载图

125

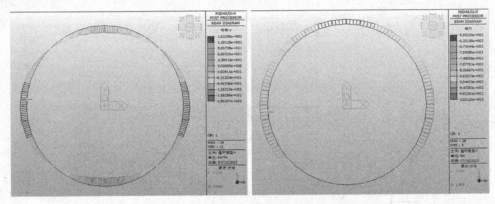

图 7.5 管片 S1 和 G1 弯矩轴力图

步骤 2：建立试验模型，采用与原模型相同的材料、截面、刚度折减，不考虑重力和地层抗力然后以实际荷载下 12 个加载点的位移作为试验模型的强制位移加载值，求得试验模型的内力、变形分布，如图 7.6 所示。

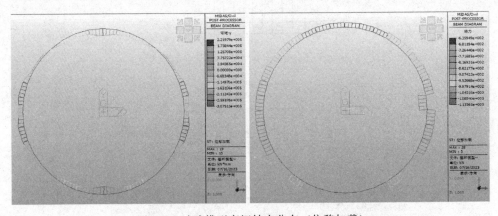

图 7.6 试验模型弯矩轴力分布（位移加载）

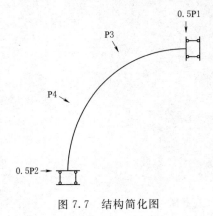

图 7.7 结构简化图

提取试验模型的节点反力，作为力加载工况的荷载值。

（2）工况 2：加载至 16 号线阿—阿区间最大设计内力。

根据对称性原理，将试验结构简化，如图 7.7 所示。

根据结构力学，求解出主要截面内力与各荷载值的关系为

$$N_{\mathrm{Top}} = \frac{1}{2}F_2 + \frac{\sqrt{3}}{2}F_3 + \frac{1}{2}F_4 \quad (7.1)$$

$$M_{\text{Top}} = -\frac{1}{\pi}F_1 R + \left(\frac{1}{2} - \frac{2}{\pi}\right)F_2 R + \left(\frac{\sqrt{3}}{2} - \frac{2}{\pi}\right)F_3 R + \left(\frac{1}{2} - \frac{1}{\pi}\right)F_4 R \quad (7.2)$$

$$N_{\text{Middle}} = \frac{1}{2}F_1 + \frac{\sqrt{3}}{2}F_2 + \frac{1}{2}F_3 \quad (7.3)$$

$$M_{\text{Middle}} = \left(\frac{1}{2} + \frac{1}{\pi}\right)F_1 R + \left(\frac{\sqrt{3}}{2} - 1 + \frac{2}{\pi}\right)F_2 R + \left(\frac{1}{2} - \sqrt{3} + \frac{2}{\pi}\right)F_3 R + \left(\frac{1}{\pi} - 1\right)F_4 R$$

$$(7.4)$$

阿—阿区间最大设计内力见表 7.2。

假设原荷载为 F_i，则工况 2 加载荷载为

$$F_i' = \frac{M_0}{M}F_i \quad (7.5)$$

在此基础上进行微调兼顾截面轴力。

表 7.2　阿—阿区间管片弯矩轴力表

弯矩 N_0	轴力 M_0
232kN・m	1629kN

（3）工况 3：加载至最大试验裂缝 0.2mm。

根据计算，工况 2 最大裂缝宽度已达到 0.8mm。

（4）工况 4：以弯矩增加为主加载至管片破坏，承载力丧失。

取 P2＝0.7P1，P3＝P4＝0.85P1 的比例关系作为最终破坏状态的荷载，在工况二荷载基础上进行侧向卸载，达到最终破坏状态。若侧向卸载结束时仍未破坏，则进一步卸载至 P2＝0.6P1，P3＝P4＝0.8P1。

综上，管片 S1 和 G1 的荷载值见表 7.3。

表 7.3　管片 S1 和 G1 不同工况荷载值　　单位：kN

荷载值	P1	P2	P3	P4
工况 1	581	482	515	456
工况 2	686	554	599	532
工况 3				
工况 4	686	480（412）	583（548）	583（548）

7.1.2　无筋钢纤维混凝土管片 W1 和 W2 加载方案

无筋钢纤维混凝土管片 W1 和 W2 轴力弯矩如图 7.8 所示，根据不同工况计算管片在不同工况下的荷载值，以下是 4 种工况下荷载值的计算步骤。

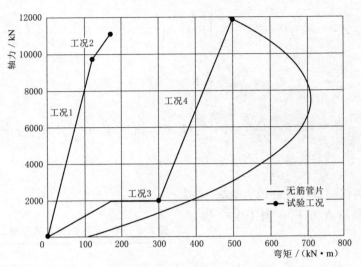

图 7.8　管片 W1 和 W2 轴力弯矩图

（1）工况 1：加载至 8 号线试车线设计水土压力。

步骤 1：将最大设计水土压力转换为 12 点等效试验荷载。

试车线区间最大设计水土压力见表 7.4。

表 7.4　　　　　　　　　试车线区间最大设计水土压力　　　　　　　　单位：kN/m

方向	顶部水土压力	侧向土压力（上）	侧向土压力（下）	水压力
水土压力	26	0	0	2400

注　1. 水土压力为一环管片，并非每延米。

　　2. 表中压力不含管片自重，管片容重为 25kN/m³。

　　3. 表中压力不含地层抗力，地层基床系数垂直 830MPa/m²，水平 780MPa/m²。

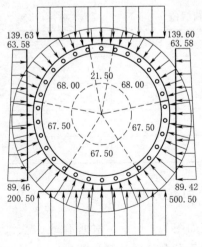

图 7.9　管片 W1 和 W2 水土压力简图

管片水土压力简图如图 7.9 所示，采用与前述相同的建模方法，加载管片模型，得到管片弯矩轴力图如图 7.10 和图 7.11 所示。

步骤 2：提取控制点的位移，加载至试验模型，得到节点反力，如图 7.12 所示。

（2）工况 2：加载至结构最大设计内力。

试车线区间最大设计内力见表 7.5。

按前述方法，在工况 1 的基础上得到工况 2 的加载值。

（3）工况 3：加载至最大裂缝宽度 0.2mm。

（4）工况 4：以轴力增加为主加载至破坏。

综上 W1 和 W2 的荷载值见表 7.6。

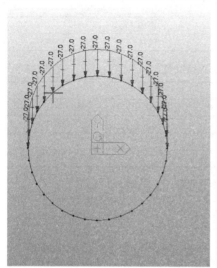
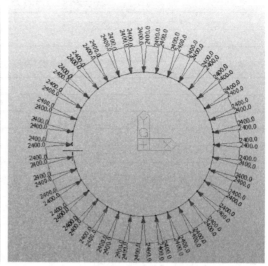

图 7.10 土压力与水压力的模拟

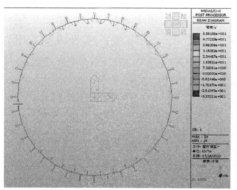
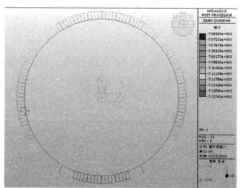

图 7.11 原结构弯矩轴力分布图

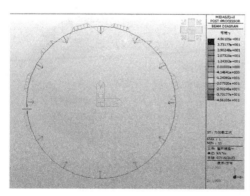
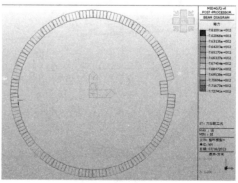

图 7.12 试验模型弯矩轴力分布（位移加载）

表 7.5　　　　　　　　　　　**试车线区间管片弯矩轴力表**

弯矩 N_0	轴力 M_0
172kN・m	11106kN

表 7.6　　　　　　　**管片 W1 和 W2 不同工况荷载值**　　　　　单位：kN

	P1	P2	P3	P4
工况 1	4055	4066	4043	4055
工况 2	3963	3963	3963	3963
工况 3				
工况 4				

此荷载值超出试验系统加载能力，试验系统单点最大可加 2000kN。

7.2　试　验　方　案

7.2.1　构件尺寸与配合比

钢纤维盾构管片配合比见表 7.7，水灰比为 0.33，粉煤灰代替水泥的用量为 17%。配比试验所用原材为台泥（贵港）水泥有限公司 P・O525 水泥；东莞河砂，细度模数 2.7；粉煤灰，深圳妈湾电力有限公司，一级灰；惠州博罗花岗岩石子，粒径 5～25mm 连续级配，压碎值 7.5；四威 RAWY-101 型高性能聚羧酸减水剂，减水率 25%。管片尺寸及其布局如图 7.13 所示。

表 7.7　　　　　　　　　　**钢纤维盾构管片配合比**

管片类型	水泥	粉煤灰	粗骨料	细骨料	水	减水剂	钢纤维
钢筋-钢纤维 SF35	403	82	1121	621	153	7.80	35
无筋-钢纤维 SF40	400	82	1117	628	152	7.64	40

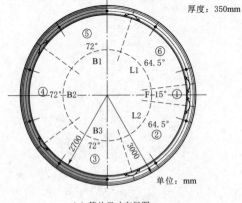

（a）管片尺寸布局图

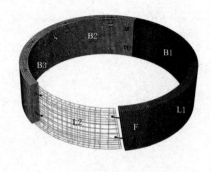

（b）管片三维布局图

图 7.13　管片尺寸及其布局图

7.2.2 试验设备

　　本次实验监测设备采用北京软岛时代公司的 DS2 系列声发射信号分析仪，连接传感器对管片进行监测。传感器类型为 RS-35C，中心频率为 150kHz。通过现场加载设备及周围环境噪声水平测定，前置放大器增益选为 6dB，采样频率为 3MHz，传感器布置如图 7.14 所示。

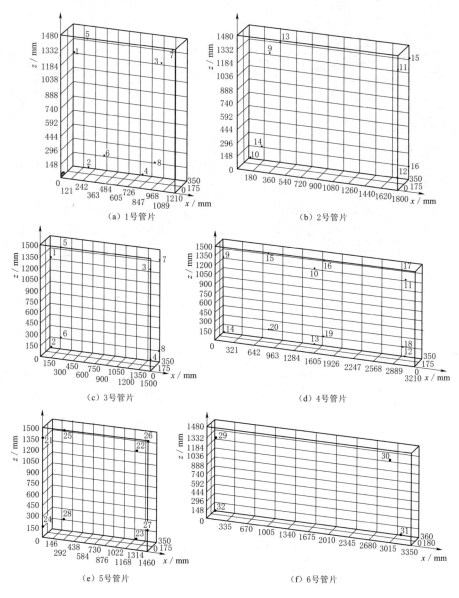

图 7.14　传感器布置图

131

7.3 声发射事件定位

7.3.1 少筋钢纤维混凝土声发射事件定位

1 号管片声发射事件的定位结果如图 7.15 所示，管片在加载的初始时刻就

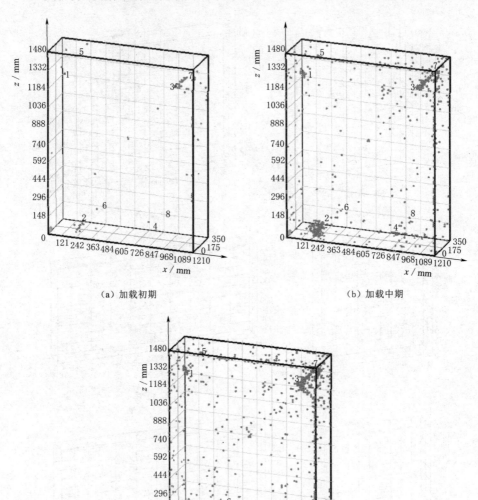

（a）加载初期 　　　　　　　　　　　（b）加载中期

（c）峰值加载阶段

图 7.15　1 号管片声发射事件

有定位点产生，加载阶段的声发射事件发生在管片的左下和右上角，随后向管片中间延伸，如图 7.15（a）所示。随着荷载的不断增大，声发射事件开始出现在管片的左上和右下角，并逐渐向中间延伸，如图 7.15（b）所示。到达极限荷载 183kN 左右后，进入峰值加载阶段，能量突然释放，管片开始剥落破坏，如图 7.15（c）所示。卸载阶段，由于外力减少，声发射事件大量出现在整个管片，管片损伤开始凸显出来。

2 号管片声发射事件的定位结果如图 7.16 所示，管片在加载的初始时刻就有定位点产生，加载阶段的声发射事件发生在管片的左上角，随着荷载的不断增大，声发射事件开始出现在管片的左下角，随后向管片中间延伸，如图 7.16（a）所示。到达极限荷载 195kN 左右后，进入峰值加载阶段，能量突然增大，损伤开始明显产生，如图 7.16（b）所示。卸载阶段，由于外力减少，管片损伤开始凸显出来，声发射事件大量出现在整个管片，但从定位点数量可以看出，该管片破坏不明显。

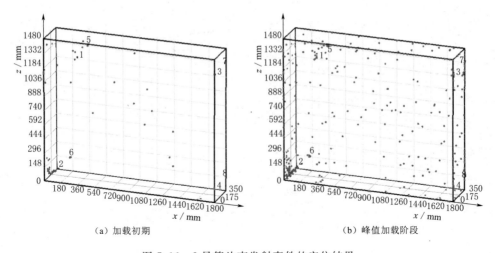

（a）加载初期　　　　　　　　　　　　　　　（b）峰值加载阶段

图 7.16　2 号管片声发射事件的定位结果

3 号管片声发射事件的定位结果如图 7.17 所示，管片在加载的初始时刻就有定位点产生，加载阶段的声发射事件先发生在管片的中部，如图 7.17（a）所示。随着荷载的不断增大，声发射事件开始发生在左下角，并逐渐向中间延伸，如图 7.17（b）所示。到达极限荷载 210kN 左右后，进入峰值加载阶段，管片的右上角也出现了声发射事件，随后向管片中间延伸，同时管片中部又出现了损伤点，并向两端延伸，如图 7.17（c）所示。在卸载后期，由于外力减少，损伤开始凸显出来，声发射事件大量出现在管片左侧，管片剥落破坏。

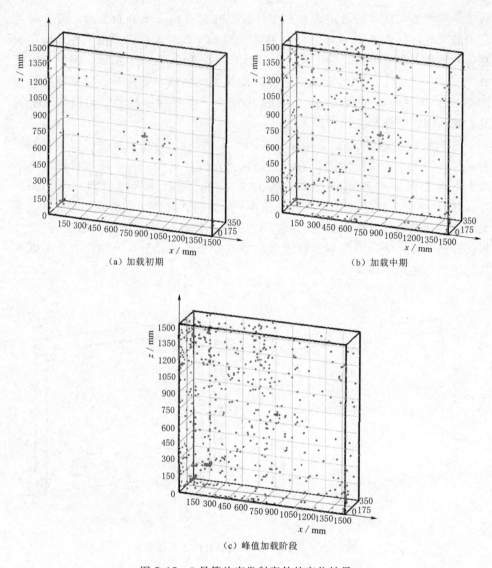

（a）加载初期

（b）加载中期

（c）峰值加载阶段

图 7.17　3 号管片声发射事件的定位结果

　　4 号管片声发射事件的定位结果如图 7.18 所示，管片在加载的初始时刻就有定位点产生，加载阶段的声发射事件主要发生在管片的中部，并逐渐向两端延伸，如图 7.18（a）所示。随着荷载的不断增大，声发射事件开始出现在管片的上下两端，随后向管片中间延伸形成裂缝，如图 7.18（b）所示。在到达极限荷载 190kN 左右后，进入峰值加载阶段，能量突然增大，损伤开始明显产生，如图 7.18（c）所示。卸载阶段，由于外力减少，损伤开始凸显出来，声发射事件大量出现管片右侧，管片破坏明显，同时管片中部卸荷最快，声发射事件也最多,说明管片中部破坏最明显。

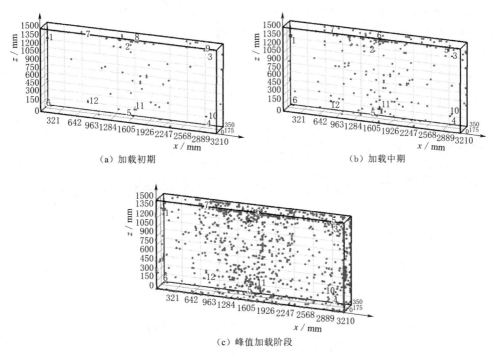

（a）加载初期　　　　　　　　　　　　　　（b）加载中期

（c）峰值加载阶段

图 7.18　4 号管片声发射事件的定位结果

　　5 号管片声发射事件的定位结果如图 7.19 所示,管片在加载的初始时刻就有定位点产生,加载阶段的声发射事件发生在管片的中部,并向管片的右侧延伸,如图 7.19（a）所示。随着荷载的不断增大,声发射事件开始出现在中间裂缝的上下两端,不断向管片的两端延伸,如图 7.19（b）所示。到达极限荷载 210kN 左右后,进入峰值加载阶段,能量突然增大,损伤开始明显产生,如图 7.19（c）所示。卸载阶段,由于外力减少,损伤开始凸显出来,声发射事件在管片右侧出现,但定位点不多,破坏不明显。

　　6 号管片声发射事件的定位结果如图 7.20 所示,管片在加载的初始时刻就有定位点产生,加载阶段的声发射事件发生在管片的中部,并向管片的上侧延伸,随着荷载的不断增大,声发射事件在管片中部不断延伸,如图 7.20（a）所示。到达极限荷载 195kN 左右后,进入峰值加载阶段,能量突然增大,损伤开始明显产生,如图 7.20（b）所示。在卸载阶段,由于外力减少,损伤开始凸显出来,声发射事件在管片上侧出现,但定位点不多,破坏不明显。

7.3.2　无筋钢纤维混凝土声发射事件定位

　　1 号管片声发射事件的定位结果如图 7.21 所示,管片在加载的初始时刻就

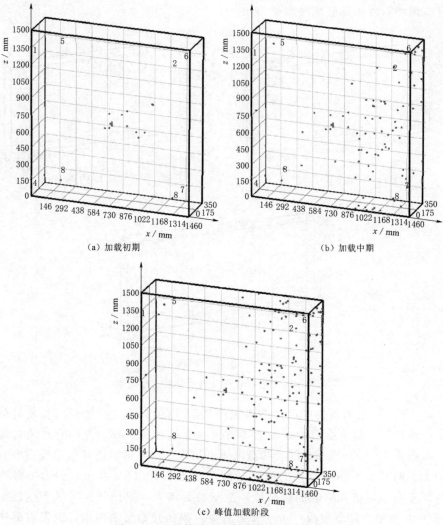

（a）加载初期

（b）加载中期

（c）峰值加载阶段

图 7.19　5 号管片声发射事件的定位结果

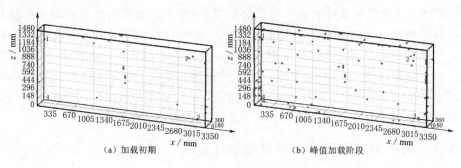

（a）加载初期

（b）峰值加载阶段

图 7.20　6 号管片声发射事件的定位结果

有定位点产生，加载初期的声发射事件发生在管片的上方和下方，随后逐渐向管片中间延伸，如图 7.21（a）所示。随着荷载的不断增大，声发射事件开始大量出现在管片的四角，并不断向中间延伸，如图 7.21（b）所示。到达极限荷载 183kN 左右后，进入峰值加载阶段，能量突然释放，定位点开始大量出现在整个管片，如图 7.21（c）所示。卸载阶段，由于外力减少，管片开始剥落破坏，声发射事件大量出现在整个管片，管片损伤凸显出来。

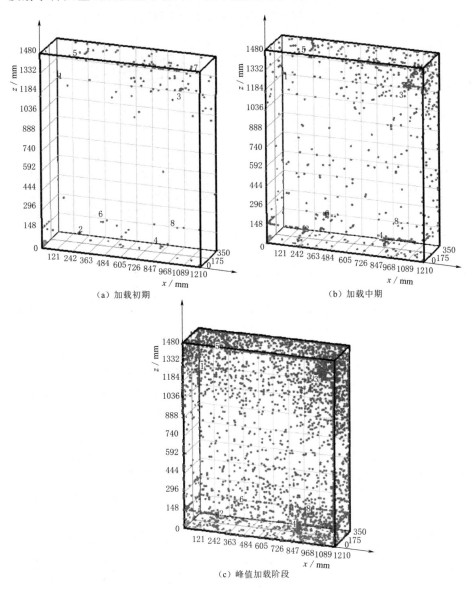

图 7.21　1 号管片声发射事件的定位结果

2号管片声发射事件的定位结果如图7.22所示，管片在加载的初始时刻就有定位点产生，加载初期的声发射事件发生在管片的左上和左下角，随着荷载的不断增大，声发射事件开始出现在管片的右侧，左侧的损伤开始向管片中间延伸，如图7.22（a）所示。到达极限荷载195kN左右后，进入峰值加载阶段，能量突然增大，损伤开始明显产生，声发射事件大量出现在整个管片，如图7.22（b）所示。卸载阶段，由于外力减少，定位点大量增加，管片损伤开始凸显出来，但从定位点数量可以看出，该管片破坏不明显。

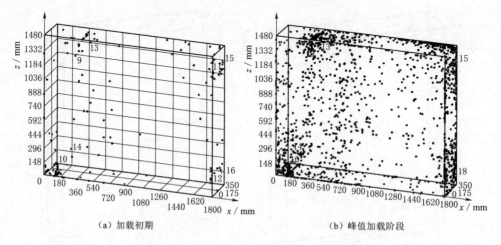

（a）加载初期 　　　　　　　　　　　　（b）峰值加载阶段

图7.22　2号管片声发射事件的定位结果

3号管片声发射事件的定位结果如图7.23所示，管片在加载的初始时刻就有定位点产生，加载初期的声发射事件先发生在管片的左上和左下角，如图7.23（a）所示。随着荷载的不断增大，声发射事件开始大量出现在管片的左侧，并逐渐向中间延伸，如图7.23（b）所示。到达极限荷载210kN左右后，进入峰值加载阶段，管片的右上角也开始出现声发射事件，并不断向管片中间延伸，如图7.23（c）所示。在卸载后期，由于外力减少，损伤开始凸显出来，声发射事件大量出现在整个管片，尤其是管片的左侧，管片剥落破坏。

4号管片声发射事件的定位结果如图7.24所示，管片在加载的初始时刻就有定位点产生，加载初期的声发射事件主要发生在管片的中部，并逐渐向两端延伸，如图7.24（a）所示。随着荷载的不断增大，声发射事件开始大量出现在管片的右侧和中部，如图7.24（b）所示。在到达极限荷载190kN左右后，进入峰值加载阶段，能量突然增大，管片右侧也开始大量出现声发射事件，损伤开始明显产生，如图7.24（c）所示。卸载阶段，由于外力减少，损伤开始凸显出来，声发射事件大量出现在整个管片，管片破坏明显，同时管片中部卸荷最快，声发射事件也最多，说明管片中部破坏最明显。

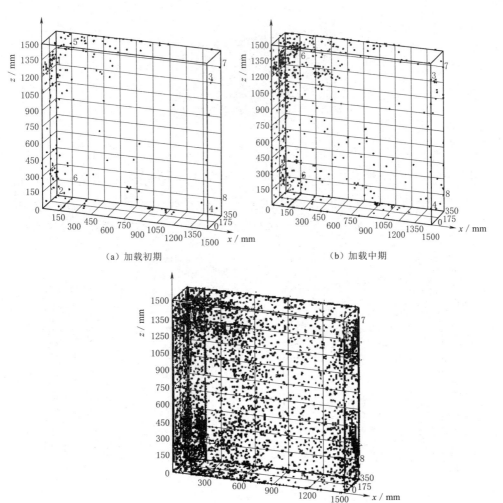

（a）加载初期 （b）加载中期

（c）峰值加载阶段

图 7.23 3 号管片声发射事件的定位结果

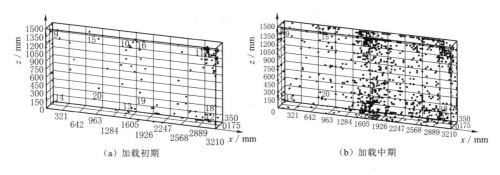

（a）加载初期 （b）加载中期

图 7.24（一） 4 号管片声发射事件的定位结果

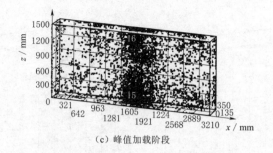

（c）峰值加载阶段

图 7.24（二）　4 号管片声发射事件的定位结果

5 号管片声发射事件的定位结果如图 7.25 所示，管片在加载的初始时刻就有定位点产生，加载初期的声发射事件发生在管片的中部，并向管片的右侧延伸，

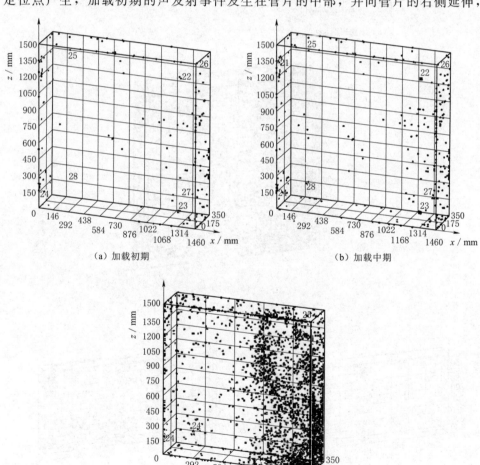

（a）加载初期

（b）加载中期

（c）幅值加载阶段

图 7.25　5 号管片声发射事件的定位结果

如图 7.25（a）所示。随着荷载的不断增大，声发射事件开始出现在中间裂缝的上下两端，不断向管片的两端延伸，如图 7.25（b）所示。到达极限荷载 210kN 左右后，进入峰值加载阶段，能量突然增大，声发射事件大量出现在管片的右下角，并不断向中间延伸，损伤开始明显产生，产生裂缝，如图 7.25（c）所示。卸载阶段，由于外力减少，损伤开始凸显出来，声发射事件大量出现在管片右侧出现，管片剥落破坏。

6 号管片声发射事件的定位结果如图 7.26 所示，管片在加载的初始时刻就有定位点产生，加载初期的声发射事件发生在管片的右下角，并向管片的上侧延伸，如图 7.26（a）所示。随着荷载的不断增大，声发射事件开始出现在管片的左侧，到达极限荷载 195kN 左右后，进入峰值加载阶段，能量突然增大，损伤开始明显产生，如图 7.26（b）所示。在卸载阶段，由于外力减少，损伤开始凸显出来，声发射事件大量出现在管片的右侧，但定位点不多，破坏不明显。

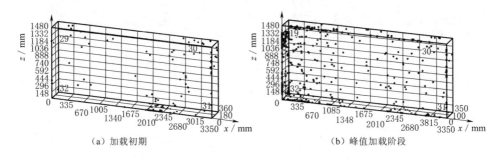

（a）加载初期　　　　　　　　　　（b）峰值加载阶段

图 7.26　6 号管片声发射事件的定位结果

7.4　声发射参数与加载过程的分析结果

7.4.1　少筋钢纤维混凝土分析结果

声发射信号随时间的变化经历如图 7.27 所示，包括管片加压过程中应力和振铃计数随时间的变化图和声发射能量、总能量随时间的变化图。由图可知，对所有管片来说，前期的损伤都较小，在试验中期，逐渐到达极限荷载时，1 号、2 号、3 号管片能量开始增加，损伤点开始变多，进入裂缝的初始阶段，在试验进行到第 6 个小时左右时，进入卸载阶段，管片的振铃计数开始显著增加，此时由于外力减少，损伤开始凸显出来，除 3 号管片外的其他管片能量显著增加，损伤点越来越多，进入裂缝的扩展和贯通阶段，在卸载后期时，2 号、3 号管片能量减小，混凝土逐渐开裂剥落。同时可以发现 1 号、4 号管片损伤点最多，裂缝发展最明显，5 号、6 号管片前期能量都较小，在后期进入卸载阶段时，管片能量显著增加，同时这些管片的总能量也明显大于其他管片，结合上面的定位点，可以发现这两个管片的破坏不明显。

由荷载数据可以看出，1 号管片和 4 号管片的中部卸载速度最快，结合上面定位点的分析，说明此部位管片开裂最严重；3 号管片和 5 号管片一侧的荷载卸载速度较快，结合上面定位点的分析，损伤主要发生在管片的一侧；2 号管片和 6 号管片两侧卸载速度基本相同，结合上面定位点的分析，损伤发生在整个管片。

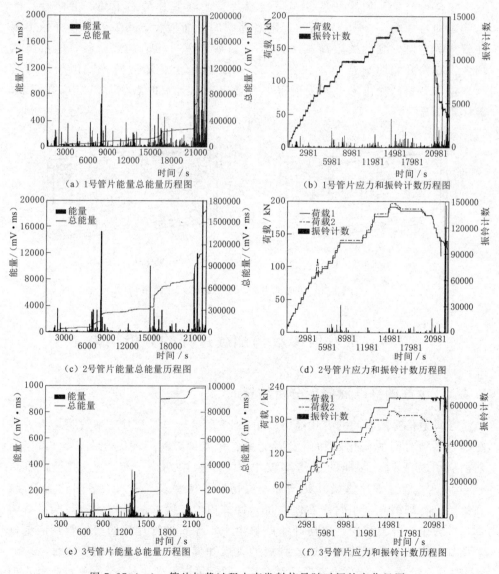

图 7.27（一）　管片加载过程中声发射信号随时间的变化经历

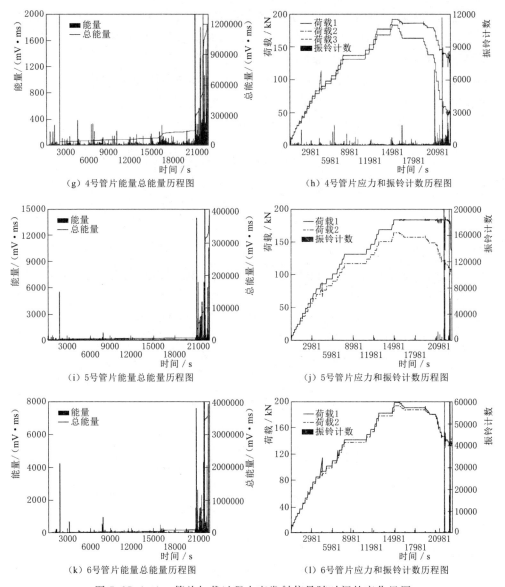

（g）4号管片能量总能量历程图

（h）4号管片应力和振铃计数历程图

（i）5号管片能量总能量历程图

（j）5号管片应力和振铃计数历程图

（k）6号管片能量总能量历程图

（l）6号管片应力和振铃计数历程图

图 7.27（二） 管片加载过程中声发射信号随时间的变化经历

7.4.2 无筋钢纤维混凝土分析结果

声发射信号随时间的变化经历如图 7.28 所示，包括管片加压过程中应力和振铃计数随时间的变化图和声发射能量、总能量随时间的变化图。由图可知，对所有管片来说，前期的损伤都较小，在试验中期，逐渐到达极限荷载时，1号、4号、5号管片能量开始增加，损伤点开始变多，进入裂缝的初始阶段。在试验进行到第 4 个小时左右时，进入峰值加载阶段，管片的振铃计数开始显著增加，除 3 号管片外的其他管片能量显著增加，损伤点越来越多，进入裂缝的扩展和贯通阶段，在卸载后期时，所有管片能量减小，混凝土逐渐开裂剥落。同时可以发现 1 号、4 号管片损伤点最多，裂缝发展最明显，2 号、6 号管片前期能量都较小，在后期进入卸载阶段时，管片能量才开始显著增加，结合上面的定位点，可以发现这两个管片的破坏不明显。

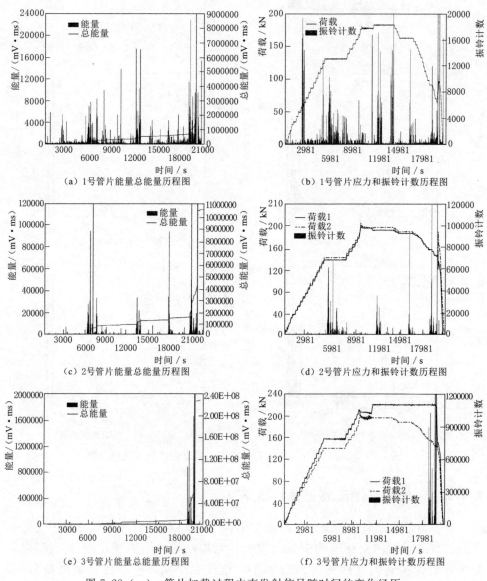

（a）1 号管片能量总能量历程图

（b）1 号管片应力和振铃计数历程图

（c）2 号管片能量总能量历程图

（d）2 号管片应力和振铃计数历程图

（e）3 号管片能量总能量历程图

（f）3 号管片应力和振铃计数历程图

图 7.28（一） 管片加载过程中声发射信号随时间的变化经历

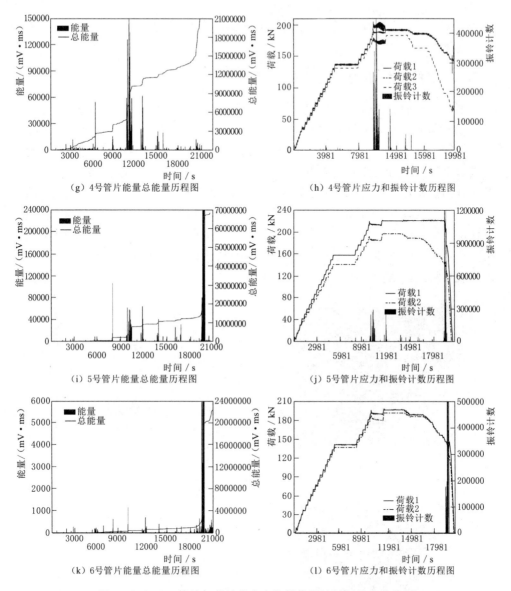

（g）4号管片能量总能量历程图

（h）4号管片应力和振铃计数历程图

（i）5号管片能量总能量历程图

（j）5号管片应力和振铃计数历程图

（k）6号管片能量总能量历程图

（l）6号管片应力和振铃计数历程图

图 7.28（二） 管片加载过程中声发射信号随时间的变化经历

　　由荷载数据可以看出，1 号管片和 4 号管片的中部卸载速度最快，结合上面定位点的分析，说明此部位管片开裂最严重；3 号管片和 5 号管片一侧的荷载卸载速度较快，结合上面定位点的分析，损伤主要发生在管片的一侧；2 号管片和 6 号管片两侧卸载速度基本相同，结合上面定位点的分析，损伤发生在整个管片。

7.5　不同管片 GMM 法分析结果

7.5.1　少筋钢纤维混凝土 GMM 法分析结果

不同管片加载全过程 GMM 法分析结果如图 7.29～图 7.34 所示，左图为 RA-AF 值的 GMM 概率密度值的平面图，右图为 GMM 法分析结果三维图。

由图 7.29 可知：①1 号管片的整个加载过程，产生以受拉破坏为主的裂缝，这是由于管片在力的作用下产生的拉应力超过其抗拉强度极限而破坏；②在管片加载初始阶段，管片即出现破坏裂缝，在加载初期即开始产生的裂缝如图 7.29（a）所示；③随着荷载的不断增大，裂缝开始增加，并出现一个新的拉伸裂缝，产生裂缝如图 7.29（b）所示，图 7.29（b）～（d）没有明显的差别，说明管片进入稳定阶段，该阶段仅产生少量的裂缝；④当接近极限荷载时，管片进入破坏阶段，裂缝再次开始增加，如图 7.29（e）所示。

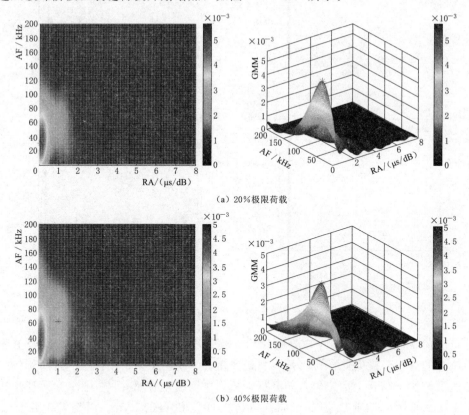

（a）20%极限荷载

（b）40%极限荷载

图 7.29（一）　1 号管片加载全过程 GMM 法分析结果

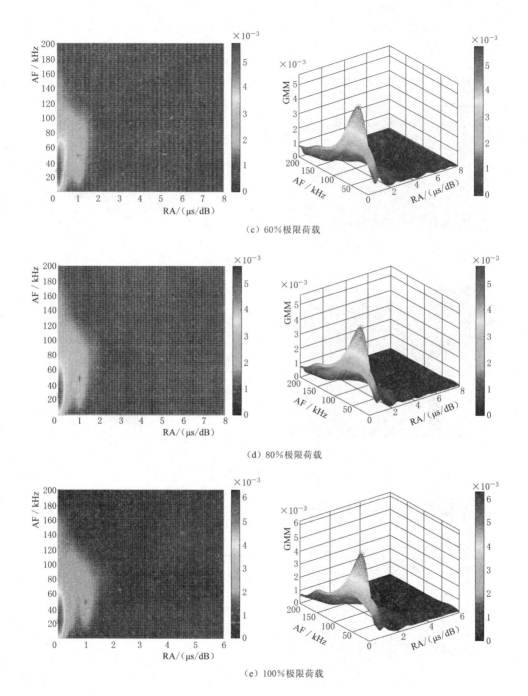

（c）60%极限荷载

（d）80%极限荷载

（e）100%极限荷载

图 7.29（二） 1 号管片加载全过程 GMM 法分析结果

由图 7.30 可知：①2 号管片的整个加载过程，产生以受拉破坏为主的裂缝，这是由于管片在力的作用下产生的拉应力超过其抗拉强度极限而破坏；②在管片加载初始阶段，管片即出现破坏裂缝如图 7.30（a）所示；③随着荷载的增大，

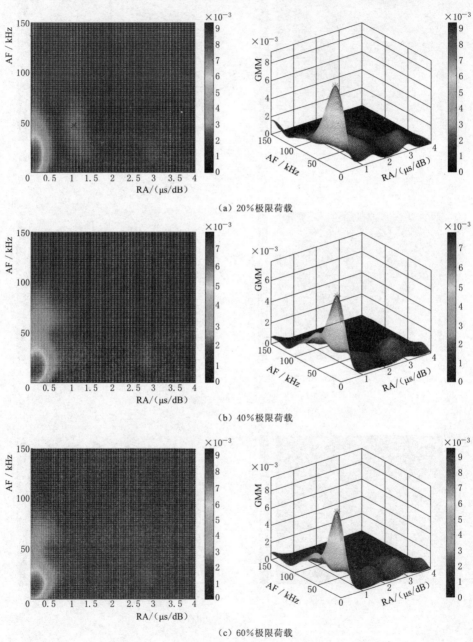

（a）20%极限荷载

（b）40%极限荷载

（c）60%极限荷载

图 7.30（一）　2 号管片加载全过程 GMM 法分析结果

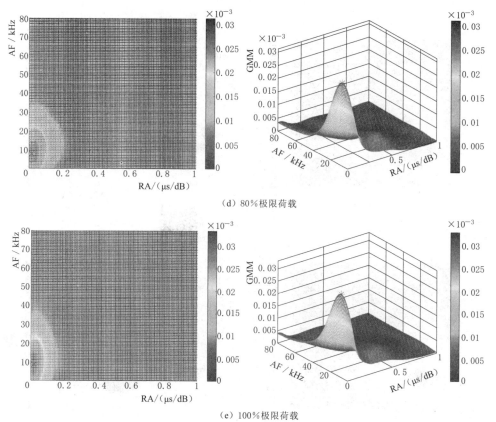

（d）80%极限荷载

（e）100%极限荷载

图 7.30（二） 2 号管片加载全过程 GMM 法分析结果

图 7.30（b）～（c）没有明显的差别，说明此时管片进入稳定阶段，该阶段仅产生少量的裂缝；④当不断接近极限荷载时，管片进入破坏阶段，GMM 概率密度显著增大，说明此时裂缝开始大量增加，如图 7.30（d）～（e）所示。

由图 7.31 可知：①3 号管片的整个加载过程，产生以剪切裂缝为主，并有少部分拉伸裂缝并存的情况；②在管片加载初始阶段，如图 7.31（a）～（c）所示，管片裂缝以剪切裂缝为主；③随着荷载的增大，如图 7.31（d）所示，管片开始进入稳定的扩展阶段，剪切裂缝明显增加，并产生少量拉伸裂缝；④当不断接近极限荷载时，管片进入破坏阶段，并使局部混凝土压碎、裂缝贯通，剪切裂缝大量形成，如图 7.31（e）所示最后大量宏观裂缝出现，最终导致试件破坏。

由图 7.32 可知：①4 号管片的整个加载过程，产生以受拉破坏为主的裂缝，这是由于管片在力的作用下产生的拉应力超过其抗拉强度极限而破坏；②在管片加载初始阶段，管片即出现破坏裂缝如图 7.32（a）所示；③随着荷载的增大，裂缝不断扩展，并出现一个新的拉伸裂缝，如图 7.32（c）所示，

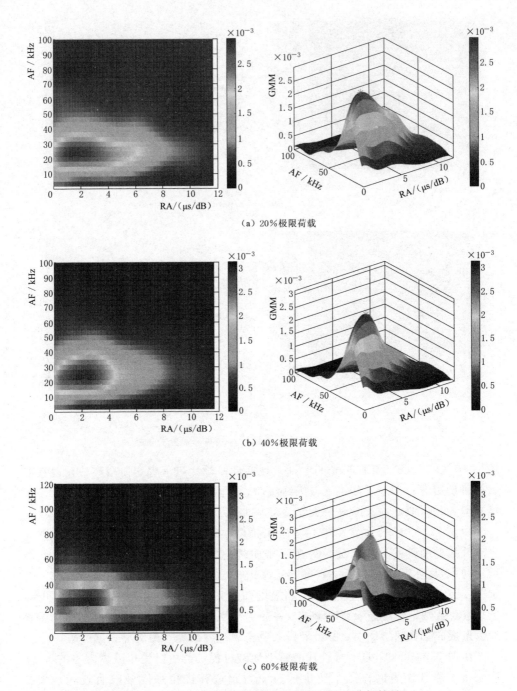

（a）20%极限荷载

（b）40%极限荷载

（c）60%极限荷载

图 7.31（一）　3 号管片加载全过程 GMM 法分析结果

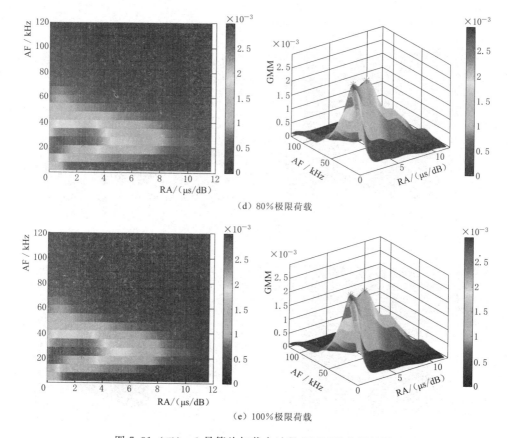

（d）80%极限荷载

（e）100%极限荷载

图 7.31（二）　3 号管片加载全过程 GMM 法分析结果

图 7.32（c）～（d）没有明显的差别，说明此时管片进入稳定阶段，该阶段仅产生少量的裂缝；④当不断接近极限荷载时，管片进入破坏阶段，裂缝再次开始增加，拉伸裂缝大量形成，如图 7.32（e）所示。

　　由图 7.33 可知：①5 号管片的整个加载过程中，加载前期产生以剪切破坏为主的裂缝，加载后期产生以拉伸破坏为主的裂缝；②在管片加载初始阶段，管片即出现破坏裂缝如图 7.33（a）所示；③随着荷载的增大，裂缝不断扩展，图 7.33（b）～（c）没有明显的差别，说明此时管片进入稳定阶段，该阶段仅产生少量的裂缝。④当不断接近极限荷载时，管片出现拉伸破坏，剪切裂缝变少，拉伸裂缝大量形成，如图 7.33（d）～（e）所示。

　　由图 7.34 可知：①6 号管片的整个加载过程中，管片产生以拉伸裂缝为主，剪切破坏裂缝并存的情况；②在管片的加载初始阶段，管片即出现破坏裂缝如图 7.34（a）所示；③随着荷载的增大，裂缝不断扩展，此时以拉伸裂缝为主，剪切裂缝也明显增加，如图 7.34（b）～（c）所示；④当不断接近极限荷载时，

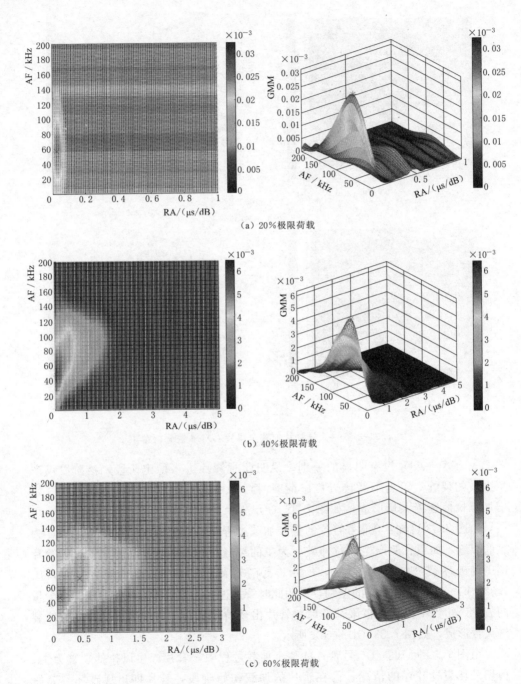

（a）20％极限荷载

（b）40％极限荷载

（c）60％极限荷载

图 7.32（一）　4 号管片加载全过程 GMM 法分析结果

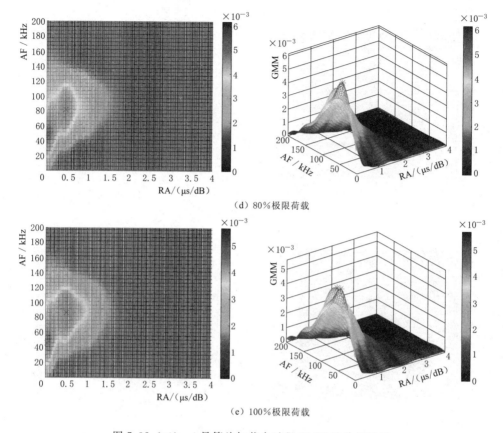

（d）80%极限荷载

（e）100%极限荷载

图 7.32（二）　4号管片加载全过程 GMM 法分析结果

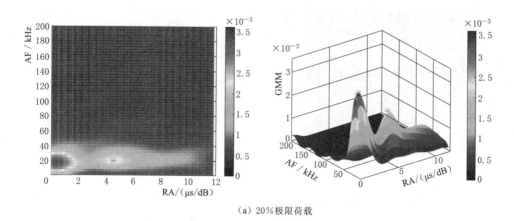

（a）20%极限荷载

图 7.33（一）　5号管片加载全过程 GMM 法分析结果

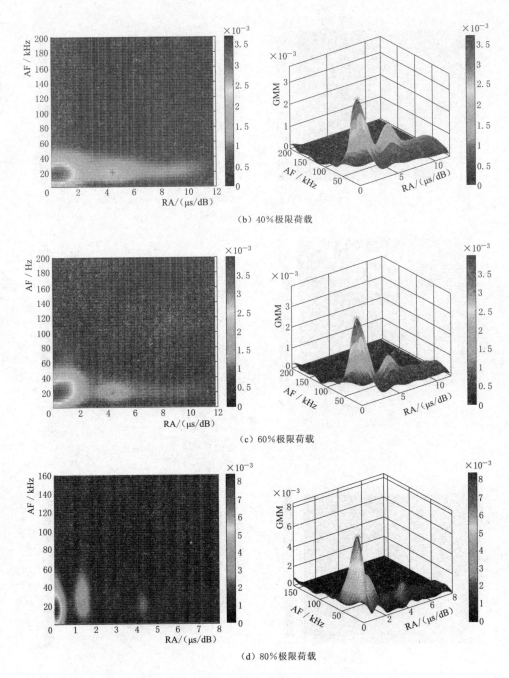

(b) 40%极限荷载

(c) 60%极限荷载

(d) 80%极限荷载

图 7.33（二）　5 号管片加载全过程 GMM 法分析结果

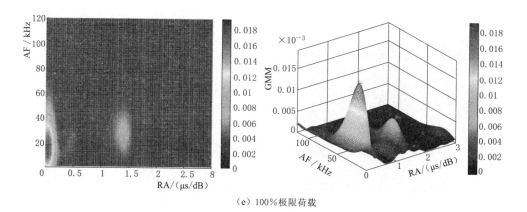

（e）100%极限荷载

图 7.33（三） 5 号管片加载全过程 GMM 法分析结果

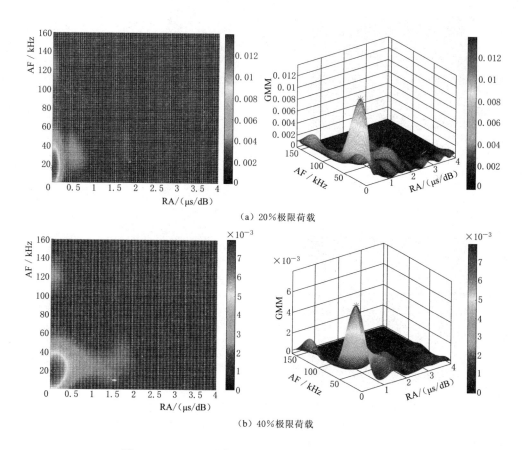

（a）20%极限荷载

（b）40%极限荷载

图 7.34（一） 6 号管片加载全过程 GMM 法分析结果

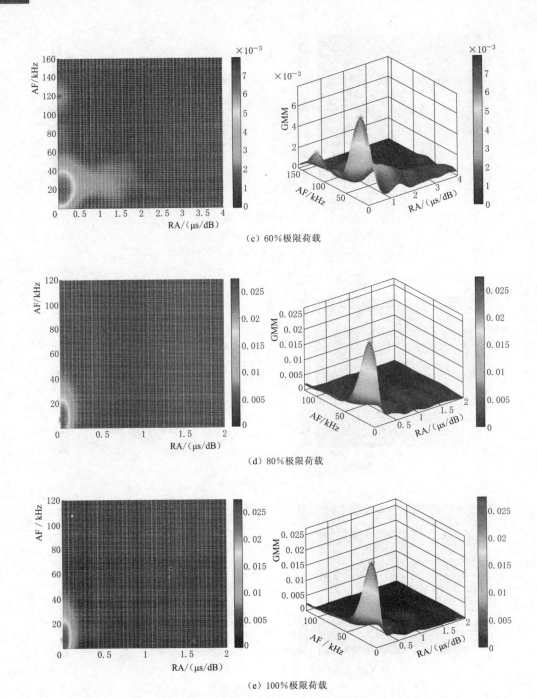

（c）60%极限荷载

（d）80%极限荷载

（e）100%极限荷载

图 7.34（二）　6 号管片加载全过程 GMM 法分析结果

管片进入破坏阶段，裂缝开始不断增加，拉伸裂缝大量形成，如图 7.34（d）～（e）所示。

7.5.2 无筋钢纤维混凝土 GMM 法分析结果

不同管片加载全过程 GMM 法分析结果如图 7.35～图 7.40 所示，左图为 RA-AF 值的 GMM 概率密度值的平面图，右图为 GMM 法分析结果三维图。

由图 7.35 可知：①1 号管片的整个加载过程，加载前期产生以剪切破坏为主的裂缝，加载后期产生以拉伸破坏为主的裂缝；②在管片加载初始阶段，管片即出现以剪切裂缝为主的破坏裂缝如图 7.35（a）所示；③随着荷载的增大，裂缝不断扩展，此时裂缝为剪切裂缝与拉伸裂缝并存的情况，图 7.35（b）～（c）没有明显的差别，说明此时管片进入稳定阶段，该阶段仅产生少量的裂缝；④当不断接近极限荷载时，管片以拉伸破坏为主，剪切裂缝变少，拉伸裂缝大量形成，如图 7.35（d）～（e）所示。

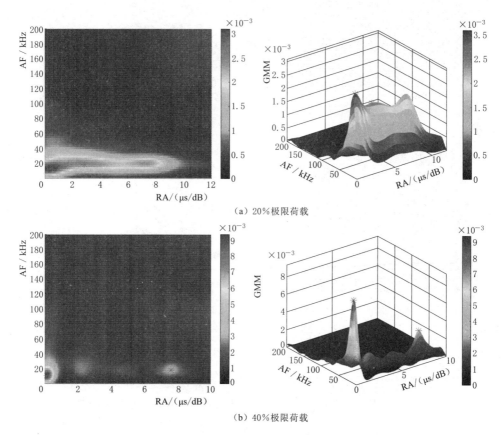

（a）20%极限荷载

（b）40%极限荷载

图 7.35（一） 1 号管片加载全过程 GMM 法分析结果

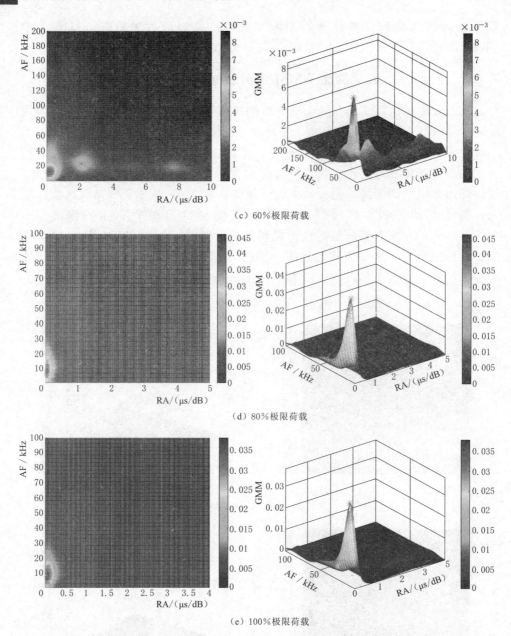

（c）60%极限荷载

（d）80%极限荷载

（e）100%极限荷载

图 7.35（二）　1 号管片加载全过程 GMM 法分析结果

　　由图 7.36 可知：①2 号管片的整个加载过程，产生以受拉破坏为主的裂缝，这是由于管片在力的作用下产生的拉应力超过其抗拉强度极限而破坏；②在管片加载初始阶段，管片即出现破坏裂缝如图 7.36（a）所示；③随着荷载的增大，图 7.36（b)~(c)没有明显的差别，说明此时管片进入稳定阶段，该阶段仅产生少量的裂缝；④当不断接近极限荷载时，管片进入破坏阶段，GMM 概率密度显著增大，说明此时裂缝开始大量增加，如图 7.36（d）～（e）所示。

由图 7.37 可知：①3 号管片的整个加载过程，产生以剪切裂缝为主，并有拉伸裂缝并存的情况；②在管片加载初始阶段，如图 7.37（a）所示，管片裂缝以

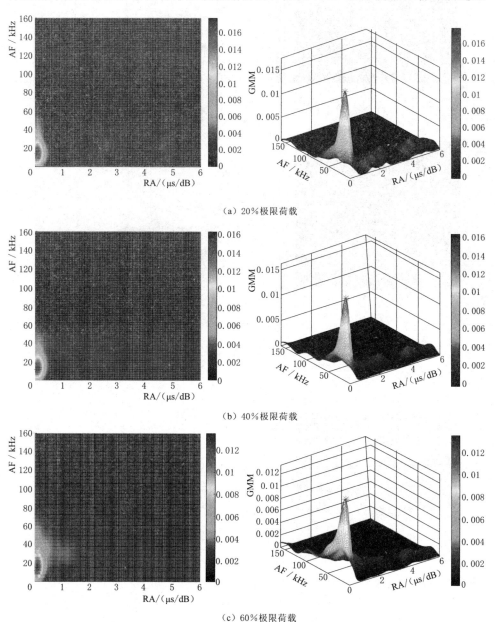

（a）20%极限荷载

（b）40%极限荷载

（c）60%极限荷载

图 7.36（一） 2 号管片加载全过程 GMM 法分析结果

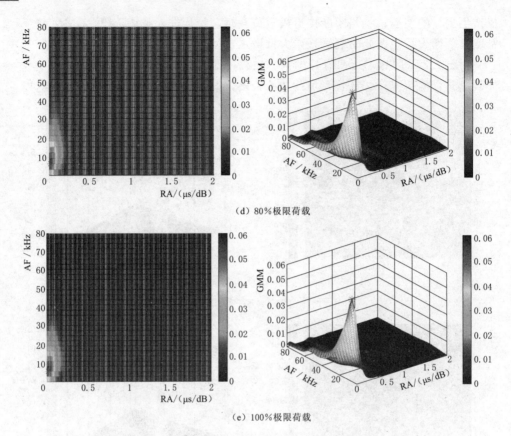

（d）80%极限荷载

（e）100%极限荷载

图 7.36（二）　2 号管片加载全过程 GMM 法分析结果

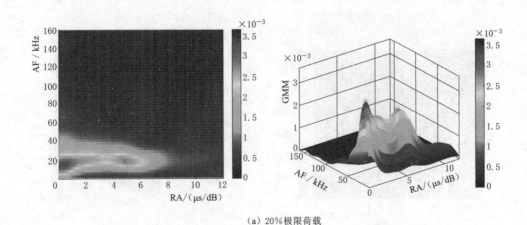

（a）20%极限荷载

图 7.37（一）　3 号管片加载全过程 GMM 法分析结果

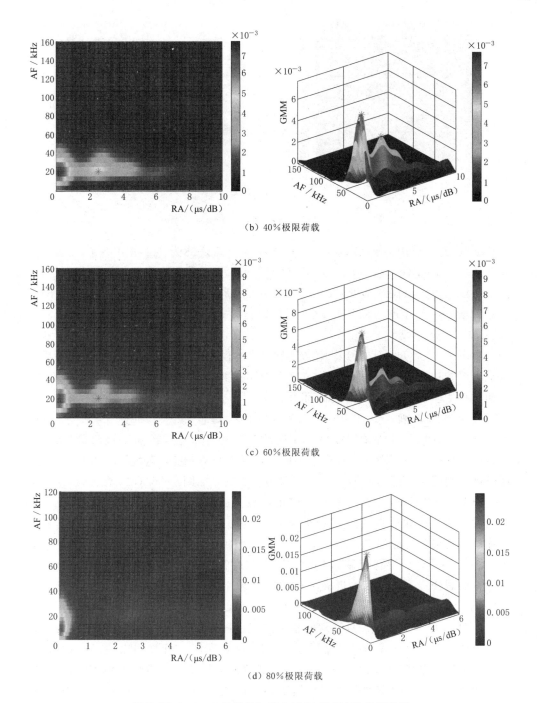

（b）40%极限荷载

（c）60%极限荷载

（d）80%极限荷载

图 7.37（二）　3 号管片加载全过程 GMM 法分析结果

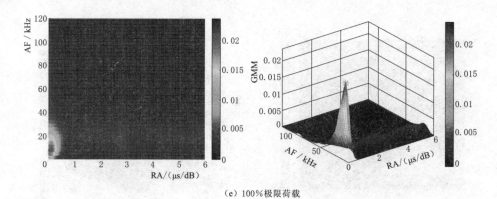

(e) 100%极限荷载

图 7.37（三）　3 号管片加载全过程 GMM 法分析结果

剪切裂缝为主；③随着荷载的增大，管片以剪切裂缝为主，并出现拉伸裂缝，如图 7.37（b）～（c）所示，图 7.37（b）～（c）没有明显的差别，管片开始进入稳定阶段，该阶段仅产生少量的裂缝；④当不断接近极限荷载时，GMM 概率密度显著增大，管片进入破坏阶段，管片以拉伸破坏为主，拉伸裂缝大量形成，如图 7.37（e）所示。

由图 7.38 可知：①4 号管片的整个加载过程，产生以受拉破坏为主的裂缝，这是由于管片在力的作用下产生的拉应力超过其抗拉强度极限而破坏；②在管片加载初始阶段，管片即出现破坏裂缝如图 7.38（a）所示；③随着荷载的增大，裂缝不断扩展，并出现一个新的拉伸裂缝，如图 7.38（b）所示，图 7.38（b）～（c）没有明显的差别，说明此时管片进入稳定阶段，该阶段仅产生少量的裂缝；④当不断接近极限荷载时，GMM 概率密度显著增大，管片进入破坏阶段，裂缝再次开始增加，拉伸裂缝大量形成，如图 7.38（e）所示。

由图 7.39 可知：①5 号管片的整个加载过程中，加载前期产生以剪切破坏为主的裂缝，加载后期产生以拉伸破坏为主的裂缝；②在管片加载初始阶段，管片即出现破坏裂缝如图 7.39（a）所示；③随着荷载的增大，裂缝不断扩展，图 7.39（b）～（c）没有明显的差别，说明此时管片进入稳定阶段，该阶段仅产生少量的裂缝；④当不断接近极限荷载时，管片出现拉伸破坏，剪切裂缝变少，拉伸裂缝大量形成，如图 7.39（d）～（e）所示。

由图 7.40 可知：①6 号管片的整个加载过程中，管片产生以拉伸裂缝为主，剪切破坏裂缝并存的情况；②在管片的加载初始阶段，管片即出现以拉伸裂缝为主的破坏裂缝如图 7.40（a）所示；③随着荷载的增大，裂缝不断扩展，此时以拉伸裂缝为主，剪切裂缝也明显增加，如图 7.40（b）～（c）所示；④当不断接近极限荷载时，管片进入破坏阶段，裂缝开始不断增加，拉伸裂缝大量形成，如图 7.40（d）～（e）所示。

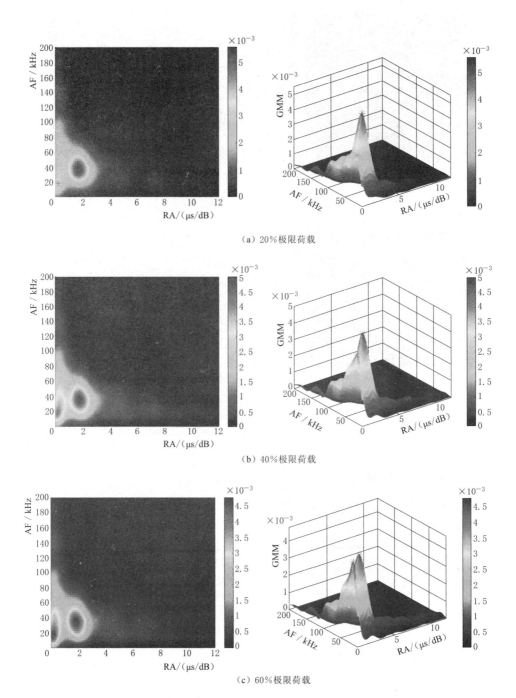

（a）20%极限荷载

（b）40%极限荷载

（c）60%极限荷载

图 7.38（一） 4 号管片加载全过程 GMM 法分析结果

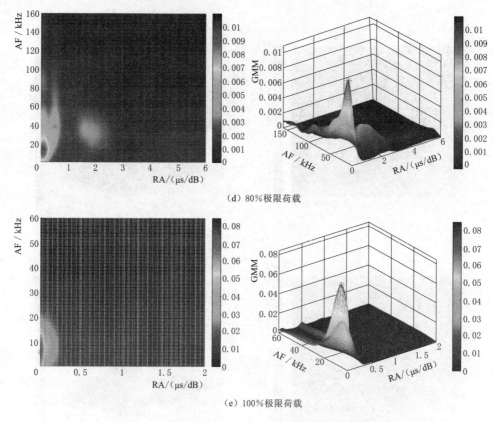

（d）80%极限荷载

（e）100%极限荷载

图 7.38（二） 4 号管片加载全过程 GMM 法分析结果

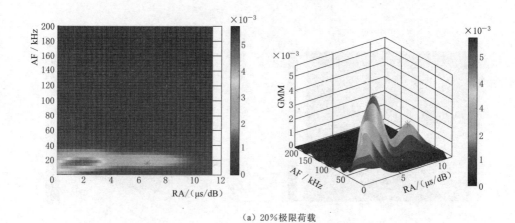

（a）20%极限荷载

图 7.39（一） 5 号管片加载全过程 GMM 法分析结果

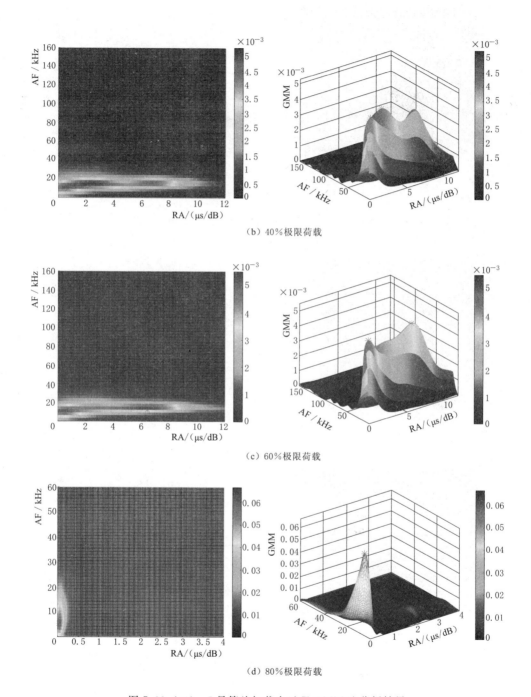

（b）40%极限荷载

（c）60%极限荷载

（d）80%极限荷载

图 7.39（二）　5号管片加载全过程 GMM 法分析结果

165

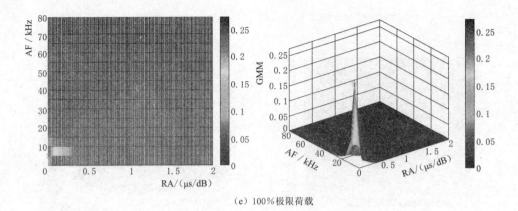

（e）100%极限荷载

图7.39（三）　5号管片加载全过程GMM法分析结果

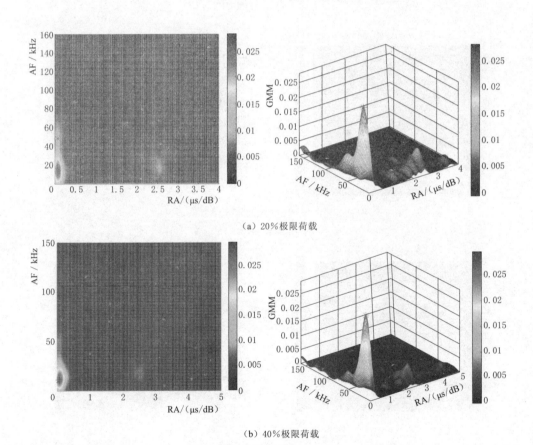

（a）20%极限荷载

（b）40%极限荷载

图7.40（一）　6号管片加载全过程GMM法分析结果

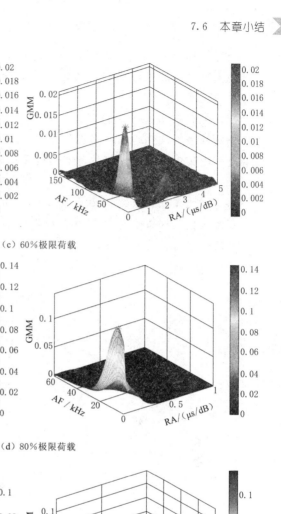

（c）60%极限荷载

（d）80%极限荷载

（e）100%极限荷载

图 7.40（二） 6 号管片加载全过程 GMM 法分析结果

7.6 本 章 小 结

从声发射试验中可以得出以下结论：

（1）管片的声发射定位结果与实际破坏模式非常吻合，对试样的定位过程很好地反映试样的实际破裂过程，而且准确地对试样裂缝的初始、扩展和贯通过程进行反演。

（2）加载初期，管片的定位点数量非常少，而且零星分布于管片的不同位置，当管片被加载到峰值应力的 30％左右时，声发射事件定位开始在一个小的区域范围内集中，反映了管片此时出现了初始裂缝。

（3）峰值加载阶段，管片能量大量增加，管片裂缝不断增大直至破坏。

（4）对比少筋钢纤维混凝土管片和无筋钢纤维混凝土管片试验结果可以看到，在传统钢筋混凝土管片基础上减少钢筋用量同时使用钢纤维混凝土也能达到一样的效果。

第8章

声发射技术的研究现状与未来展望

8.1 研究现状与本书的创新点

8.1.1 研究现状

基于声发射技术，以钢筋混凝土构件在锈蚀和荷载作用下的损伤识别与劣化评价为研究对象，通过理论和试验研究，得到了如下结论：

（1）对混凝土单轴压缩声发射试验进行信号参数经历分析时，发现早龄期混凝土的损伤阈值和龄期、混凝土配合比关系密切。基准配合比混凝土试块在3d、5d受荷对后期强度发展不利，7d开始受荷对后期强度影响较小，甚至有一定的增益；随着受荷龄期的增长，损伤阈值随之变大，7d开始损伤阈值大于80％。试验配合比B、C因掺入了大量的矿物掺和料受荷龄期对后期强度的影响并不明显，在3d、5d、7d、14d龄期随着受荷比例的增加，后期强度随之增长，但在受荷龄期为28d时，损伤阈值随之变小。矿物掺合料的掺量和强度比率成正比，矿物掺合料的加入对强度比率的提升效果明显，矿物掺合料对钢筋混凝土的损伤劣化改善效果明显。

（2）混凝土单轴压缩过程中的声发射特性基本可以分为初始阶段、稳定阶段和活跃阶段，并给出了划分准则。混凝土材料在损伤的过程中包含各种声发射源，通过单轴压缩声发射信号参数分布分析，信号峰值频率可以分为4个频率区间来对应试验混凝土不同的损伤机制，即区间Ⅰ（12kHz前后）：试块与试验机接触开始产生声发射信号；区间Ⅱ（38kHz前后）：原有的微孔、隙微、缺陷等裂缝通道元在外载作用下开始被压实；区间Ⅲ（171kHz前后）：裂缝从较弱的硬化水泥浆体中的大孔或骨料与硬化水泥浆体的界面区开始扩展；区间Ⅳ（259kHz前后）：裂缝由骨料与砂浆间的界面裂缝发展至砂浆内部，裂缝贯通成宏观裂缝。结果表明声发射信号特性可用于预测混凝土材料的损伤劣化程度。

（3）根据声发射过程中的累积参数序列（如累积撞击计数、累积释能量等）建立声发射的灰色-尖点突变模型，为声发射信号中有用信息的有效提取提供了一条新的途径。混凝土材料具有显著的突变特性，应用基于灰色系统理论和突变理论的混凝土损伤识别模型可较好的识别混凝土材料损伤演化过程中的突变状态。灰色-尖点突变模型可以对混凝土材料损伤演化过程进行预测，有助于预报混凝土材料或结构的失稳破坏，推断其损伤破坏的程度，从而为声发射技术在混凝土断裂失稳预测的应用提供了理论依据。声发射信号参数关联分析说明混凝土材料作为复合材料，其内部产生声发射来自不同的声发射源，声发射源种类较多，通过峰值频率和幅值关联分析，发现三点弯曲混凝土梁中出现四种声发射源，即 0～12kHz、35～117kHz、164～176kHz 和 258～281kHz 频率区间。同时给出了三点弯曲梁受载过程中声发射损伤定位随时间的变化经历图。

（4）传统的 RA-AF 关联分析法无法明确 RA 值和 AF 值的坐标比例，划分斜率无法给定，无法用简单的一条直线区分实验过程中的拉伸裂缝和剪切裂缝；基于钢筋混凝土统计损伤力学的 GMM 模型较好的对裂缝模式进行了区分，代表拉伸和剪切类裂缝的事件被虚线包围成椭圆，并给出每个事件出现的概率。GMM 算法能够识别出锈蚀钢筋混凝土柱在轴心、小偏心和大偏心受压情况下的损伤劣化情况，并给出了 GMM 法分析结果三维图。

（5）通过声发射参数关联分析，发现锈蚀开始阶段峰值频率基本维持在 300kHz 以下，锈胀开裂后，锈胀开裂的峰值频率在 810kHz 附近，通过声发射累积信号强度（CSS）分析，可以确定锈胀开裂时刻。通过钢筋混凝土加速锈蚀的声发射参数频谱特征分析，发现钢筋混凝土构件锈胀破坏和加载破坏的声发射参数有明显的差异：锈胀破坏试件的幅值、上升时间、持续时间和能量等参数的均值均远远小于锈蚀加载破坏试件和未锈蚀加载破坏试件，峰值频率均值为 123.9kHz 远远高于锈蚀加载破坏试件的 60.8kHz 和未锈蚀加载破坏试件的 57.7kHz；锈蚀加载破坏试件的上升时间、持续时间、能量和振铃计数均明显小于未锈蚀加载破坏试件。通过该方法我们可以对锈蚀损伤和加载损伤进行区分。

（6）给出了加速锈蚀全过程强度分析法 Matlab 计算程序，将试验得到的声发射强度信号参数代入强度分析算法程序，得到的 HI 指标和 Sr 值。从 HI 指标曲线可以判断锈胀开裂的过程。从 Sr 值曲线可以看出试件锈蚀劣化的增长过程。根据声发射强度分析结果，将原始构件-钢筋混凝土锈蚀损伤小梁的劣化程度进行了划分，分别为：A 区，无损伤；B 区，轻微损伤；C 区，中度损伤；D 区，严重损伤。这使得声发射技术发展成为一种损伤量化的工具，在损伤监测过程中可以提前检测到锈蚀损伤的发生，在严重破坏如宏观开裂或剥落之前，进行修复。最后给出了钢筋混凝土结构时变损伤声发射监测工作流程图。

8.1.2 本书的创新点

（1）通过研究给出了混凝土单轴压缩过程中的声发射特性划分准则，采用声发射原位监测技术对混凝土试件、构件、服役期间的损伤进行定量表征，建立了损伤源与声发射特性之间的对应关系。

（2）基于混凝土材料时变损伤的突变特性，建立了声发射的灰色-尖点突变模型。提出了一种基于高斯混合模型（GMM）对钢筋混凝土柱锈蚀损伤劣化进行裂缝模式分类的方法，解决了区分实验过程中的拉伸裂缝和剪切裂缝的问题。

（3）通过声发射累积信号强度（CSS）分析，确定了锈胀开裂时刻。通过钢筋混凝土加速锈蚀的声发射参数频谱特征分析，对锈蚀损伤和加载损伤进行区分。通过声发射强度分析，将锈蚀损伤的劣化程度进行定量表征。给出了钢筋混凝土结构时变损伤声发射监测工作流程图。

8.2 未 来 展 望

尽管声发射技术在混凝土领域的应用已经有几十年的历史了，但是由于混凝土本身的复杂性，声发射在混凝土领域的发展一直落后于金属、岩石等领域。目前，声发射技术在混凝土材料、结构损伤检测及评价中的应用还存在许多不足之处，综合国内外研究成果，主要表现在以下几个方面：

（1）在钢筋混凝土加载试验中，国内外学者对钢筋混凝土中声发射技术的研究主要以参数分析为主，主要研究了声发射事件数、振幅、事件率、能量等声发射仪器直接得到的参数与钢筋混凝土受力之间的关系。这些参数往往不能够直接、准确地反映损伤的具体情况。

（2）对钢筋混凝土损伤的研究时，并没有动态的考虑钢筋混凝土中已经存在的损伤。同时没有考虑混凝土龄期、荷载对损伤演化的影响。早龄期混凝土强度发展非常迅速，混凝土材料的强度发展及损伤将较大的影响服役期混凝土材料的性能，施工期混凝土材料性能的发展伴随着材料强度自身的发展以及施工损伤的形成，那么混凝土材料损伤的形成以及与胶凝材料水化硬化的相互影响将是需要我们关注的焦点之一。

（3）关于混凝土材料损伤过程声发射产生机理的研究还很不充分，对混凝土材料损伤机理与声发射机理的认识还不是很全面。需加强声发射技术对于钢筋混凝土损伤机制识别的理论研究，如何利用声发射参数来表征混凝土破坏模式和裂缝分类。

（4）声发射表征锈蚀损伤的理论还不完善，研究者可以尝试建立声发射信号和锈蚀损伤过程之间的关系，并通过混凝土声发射特征识别钢筋混凝土材料锈蚀损伤破坏机制和破坏程度。

（5）声发射技术在钢筋混凝土基础理论研究不成熟。本书仅给出了钢筋混凝土材料劣化过程中不同声发射源和声发射特性的关系，下一步可对钢筋混凝土材料组成对声发射特性的影响进行研究，特别是对钢筋混凝土材料组成与声发射特性之间关系的亟待研究。

（6）本书开展了钢筋混凝土构件在荷载、锈蚀损伤共同作用下声发射试验研究。实际工程结构的构件类型、尺寸、配筋情况会有差异，同时需要承受循环荷载或交变环境的作用和影响，因此有必要开展荷载和环境共同作用下建筑结构进行现场的声发射测试研究，并在此基础上对实验室检测结果和实际监测结果进行对比分析。

（7）针对实际工程应用，需改进现有声发射检测系统，解决现场监测为目的的实用性和经济性问题，包括信号的滤波技术、聚类分析技术、信号的传输、存储、处理等问题，传感器的布置以及一种简单可行的通过声发射技术进行具体结构检查的程序。这需要更多的研究来改进现有的方法和设备，使声发射技术未来有望在具体监测场景中高效地应用。

参 考 文 献

[1] Scheil E. Prüfung des Gußeisens auf seine Wachstumsbeständigkeit [J]. Archiv für das Eisenhüttenwesen, 1936, 10 (3): 111 – 113.

[2] Munson T. Is Creep Corrosion Cleanable [J]. Circuits Assembly, 1948, 20 (11): 39.

[3] Kaiser J. Erkenntnisse und folgerungenaus der messung von gerauschen bei zugbeanspruchung von metallischen werkstoffen [J]. Archiv für das Eisenhüttenwesen, 1953, 24 (1 – 2): 43 – 45.

[4] Schofield F P, Knight S K, Covey – Crump J S, et al. Accurate quantification of the modal mineralogy of rocks when image analysis is difficult [J]. Mineralogical Magazine, 1982, 66 (1): 189 – 200.

[5] Graham J R, Creegan P J, Hamilton W S, et al. Erosion of Concrete in Hydraulic Structures [J]. ACI Materials Journal, 1987.

[6] Green A T. Stress wave emission and fracture of prostressed concrete reactor vessel material [C]. Second Inter American Conference on Materials Technology, American Society of Mechanical Engineers, 1970: 635 – 649.

[7] Dunegan H L, Harris D O, Tatro C A. Fracture analysis by use of acostic emission [J]. Engrg. Fract. Mech, 1968, 1 (1): 105 – 122.

[8] Drouillard K, Hiebert T, Friesen K, et al. Physical property determinations of short chain chlorinated paraffins [J]. Environmental Science, Chemistry, 1979.

[9] Gabec I, Sachse W. Application of an intelligent signal processing sysem to AE analysis [J]. Journal of Acousical Society of America, 1989, 85 (3): 1226 – 1235.

[10] Gorman G D, Reese M J, Horácek J, et al. Vibration analysis of a circular disc backed by a cylindrical cavity [J]. Proceedings of the Institution of Mechanical Engineers, Part C: Journal of Mechanical Engineering Science, 1991, 215 (11): 1303 – 1311.

[11] Rusch H. Physical problems in the testing of concrete [J]. Zement – Kalk – Gips, 1959, 12 (1): 1 – 9.

[12] L'Hermite R G. What do we know about the plastic deformation and greep of concrete [J]. RILEM Bulletin, 1959, 1: 21 – 54.

[13] L'Hermite R G. Volume changes of concrete, chemistry of concrete [J]. Proceedings of the Fourth International Synposium Washington U. S. department of Commerce National Bureau of Standards Monograph, 1960: 43.

[14] Robinson G S. Methods of detecting the formation and propagation of microcracks in concrete [J]. In Proceedings of International Conference on Structure of Concrete, 1965: 131 – 145.

[15] Ohtsu M, Uchida M, Okamoto T, et al. Damage assessment of reinforced concrete beams

qualified by acoustic emission [J]. ACI Structural Journal, 2002, 99 (4): 411 – 417.

[16] Golaski L, Gebski P, Ono K. Diagnostics of reinforced concrete bridges by acoustic emission [J]. Journal of Acoustic Emission, 2002, 20: 83 – 98.

[17] Colombo S, Main I G, Forde M C. Assessing damage of reinforced concrete beam using "b – value" analysis of acoustic emission signals [J]. Journal of Materials in Civil Engineering, 2003, 15 (3): 280 – 286.

[18] Colombo S, Forde M C, Main I G, et al. Predicting the ultimate bending capacity of concrete beams from the "relaxation ratio" analysis of AE signals [J]. Construction & Building Materials, 2005, 19 (10): 746 – 754.

[19] Ziehl P H, Ridge A R. Evaluation of strengthened reinforced concrete beams: cyclic load test and acoustic emission methods [J]. ACI Structural Journal, 2006, 103 (6): 832 – 84.

[20] Lovejoy S C. Acoustic emission testing of beams to simulate SHM of vintage reinforced concrete deck girder highway bridges [J]. Structural Health Monitoring, 2008, 7 (4): 329 – 346.

[21] Schumacher T. Acoustic emission techniques applied to conventionally reinforced concrete bridge girders [R]. Girder Bridges, 2008.

[22] Ziehl P H, Galati N, Nanni A, et al. In – situ evaluation of two concrete slab systems. Ⅱ: evaluation criteria and outcomes [J]. Journal of Performance of Constructed Facilities, 2008, 22 (4): 217 – 227.

[23] Liu Z, Ziehl P. Evaluation of RC beam specimens with AE and CLT criteria [J]. ACI Structural Journal, 2009, 106 (3): 1 – 12.

[24] Aggelis D G, Shiotani T, Momoki S, et al. Acoustic emission and ultrasound for damage characterization of concrete elements [J]. ACI Materials Journal, 2009, 106 (6): 117 – 122.

[25] Nair A, Cai C S. Acoustic emission monitoring of bridges: review andcase studies [J]. Engineering Structure, 2010, 32 (6): 1704 – 1714.

[26] Barrios F, Ziehl P H. Cyclic load testing for integrity evaluation of prestressed concrete girders [J]. ACI Structural Journal, 2012, 109 (5): 615 – 623.

[27] Xu J, Barnes R W, Ziehl P H. Evaluation of prestressed concrete beams based on acoustic emission parameters [J]. Materials Evaluation, 2013, 71 (2): 176 – 185.

[28] Deng H S, Fu H L, Zhao Y B, et al. Using acoustic emission parameters to study damage and fracture characteristics of concrete with different pour intervals cold joints [J]. Theoretical and Applied Fracture Mechanics, 2022, 122.

[29] Wang N, Zhang C, Ma T, et al. Damage evolution analysis in cementitious mixtures using acoustic emission techniques [J]. Journal of Transportation Engineering, Part B: Pavements, 2023, 149 (3).

[30] Weng M S, Dunn S E, Hartt W H, et al. Application of acoustic emission to detection of reinforcing steel corrosion in concrete [J]. Corrosion – Houston Tx –, 1982, 38 (1): 9 – 14.

[31] Zdunek A D, Prine D, Li Z, et al. Early detection of steel rebar corrosion by acoustic emission monitoring [R]. Proceeding of Corrosion Orlando, 1995.

［32］ Li Z，Li F，Zdunek A，et al. Application of acoustic emission technique to detection of rein-forcing steel corrosion in concrete ［J］. ACI Materials Journal，1998，95（1）：68 - 76.

［33］ Idrissi H，Limam A. Study and characterization by acoustic emission and electrochemical measurements of concrete deterioration caused by reinforcement steel corrosion ［J］. Ndt & E International，2003，36（8）：563 - 569.

［34］ Uddin A K M F，Numata K，Shimasaki J，et al. Mechanisms of crack propagation due to corrosion of reinforcement in concrete by AE - SiGMA and BEM ［J］. Construction & Building Materials，2004，18（3）：181 - 188.

［35］ Assouli B，Simescu F，Debicki G，et al. Detection and identification of concrete cracking during corrosion of reinforced concrete by acoustic emission coupled to the electrochemi-cal techniques ［J］. Ndt & E International，2005，38（8）：682 - 689.

［36］ Ramadan S，Gaillet L，Tessier C，et al. Detection of stress corrosion cracking of high - strength steel used in prestressed concrete structures by acoustic emission technique ［J］. Applied Surface Science，2008，254（8）：2255 - 2261.

［37］ Kawasaki Y，Tomoda Y，Ohtsu M. AE monitoring of corrosion process in cyclic wet - dry test ［J］. Construction & Building Materials，2010，24（12）：2353 - 2357.

［38］ Ohtsu M，Tomoda Y. Phenomenological model of corrosion process inreinforced con-crete identified by acoustic emission ［J］. ACI Materials Journal，2011，48（6）：1184 - 1189.

［39］ Mangual J，Elbatanouny M K，Ziehl P，et al. Corrosion damage quantification of pres-tressing strands using acoustic emission ［J］. Journal of Materials in Civil Engineering，2013，25（9）：1326 - 1334.

［40］ Mangual J，Elbatanouny M K，Ziehl P，et al. Acoustic - emission - based characterization of corrosion damage in cracked concrete with prestressing strand ［J］. ACI Materials Journal，2013，110（1）：89 - 98.

［41］ Elbatanouny M K. Implementation of acoustic emission as a non - destructive evaluation method for concrete structures ［D］. Columbia：University of South Carolina，2012.

［42］ 李强. 荷载和环境作用下锈蚀钢筋混凝土柱的力学性能 ［D］. 杭州：浙江大学，2015.

附录 A

钢筋混凝土梁动态突变模型 Matlab 计算程序：

```
%叠加

x=[    ];      %X 对应时刻
z=[    ];      %Z 对应为每一时刻的撞击计数
y(1)=z(1);
for k=2:m                        %m 为总的数据个数
    y(k)=z(k)+y(k-1);            %Y 为某时刻前的撞击总数
end
%重新选取并赋予新的数组

%计算 delta
x_norm=x/x(end);
for i=35:j
    a_norm=polyfit(x_norm(1:i),y(1:i),5);
    a=a_norm. /(x(end). ^[5:-1:0]);
    q=a(4)/5/a(5);
    if a(5)>0
    u=(30*a(5)*q*q-12*a(4)*q+3*a(3))/sqrt(5*a(5));
    v=(-20*a(5)*q*q*q+12*a(4)*q*q-6*a(3)*q+2*a(2))/(20*a(5))^(1/4);
    else
    u=(30*a(5)*q*q-12*a(4)*q+3*a(3))/sqrt(-5*a(5));
    v=(-20*a(5)*q*q*q+12*a(4)*q*q-6*a(3)*q+2*a(2))/(-20*a(5))^(1/4);
    end
    w(i)=4*u*u*u+27*v*v;
end
```

GMM 算法 Matlab 计算程序：

```
clear all
```

```
coor   =xlsread('data');

% coor=log(coor);
% coor(any(isinf(coor)'),:)=[];

x1=coor(:,1);
x2=coor(:,2);

% coor=mvnrnd([0 0],[10 0;0 1],1000);
% coor=[coor;mvnrnd([0 0],[1 0;0 10],1000)];
% x1=coor(:,1);
% x2=coor(:,2);

omega1=1/2;
omega2=1/2;
% mu1=rand(1,2)*(max(x1)-min(x1))+min(x1);
% mu2=rand(1,2)*(max(x2)-min(x2))+min(x2);
mu1=[1 80];
mu2=[5 10];
sigma1=[10 0;0 10];
sigma2=[10 0;0 10];

J2=
sum(log(omega1*gauss2Dmf(coor,mu1,sigma1))+log(omega2*gauss2Dmf(coor,mu2,sigma2)));

while 1
    P=omega1*gauss2Dmf(coor,mu1,sigma1)+omega2*gauss2Dmf(coor,mu2,sigma2);
    P1=omega1*gauss2Dmf(coor,mu1,sigma1)./P;
    P2=omega2*gauss2Dmf(coor,mu2,sigma2)./P;
    Pr=[P1 P2];

    omega1=sum(P1)/size(P1,1);
    omega2=sum(P2)/size(P2,1);

    mu1(1)=sum(P1.*x1)./sum(P1);
    mu1(2)=sum(P1.*x2)./sum(P1);
    mu2(1)=sum(P2.*x1)./sum(P2);
    mu2(2)=sum(P2.*x2)./sum(P2);

    sigma1(1,1)=(sum(P1.*(x1-mu1(1)).*(x1-mu1(1)))./sum(P1))^0.5;
    sigma1(2,2)=(sum(P1.*(x2-mu1(2)).*(x2-mu1(2)))./sum(P1))^0.5;
```

177

```
sigma1(1,2)=sum(P1. * (x1−mu1(1)). * (x2−mu1(2)))./sum(P1)/sigma1(1,1)/sigma1(2,2);
sigma1(2,1)=sigma1(1,2);

sigma2(1,1)=(sum(P2. * (x1−mu2(1)). * (x1−mu2(1)))./sum(P2))^0.5;
sigma2(2,2)=(sum(P2. * (x2−mu2(2)). * (x2−mu2(2)))./sum(P2))^0.5;
sigma2(1,2)=sum(P2. * (x1−mu2(1)). * (x2−mu2(2)))./sum(P2)/sigma2(1,1)/sigma2(2,2);
sigma2(2,1)=sigma2(1,2);

J1=J2;
J2=
sum(log(omega1 * gauss2Dmf(coor,mu1,sigma1))+log(omega2 * gauss2Dmf(coor,mu2,sigma2)));
abs(J2−J1)
if abs(J2−J1)< 10^−5;
break;
end
end

m=50;
n=50;
gridx1=min(x1):(max(x1)−min(x1))/m:max(x1);
gridx2=min(x2):(max(x2)−min(x2))/n:max(x2);
S=(m+1) * (n+1);
[x,y]=meshgrid(gridx1,gridx2);
xi=[x(:)y(:)];

% figure
% ksdensity(coor,xi);
% pdf=ksdensity(coor,coor);

pdf=omega1 * gauss2Dmf(xi,mu1,sigma1)+omega2 * gauss2Dmf(xi,mu2,sigma2);
z=reshape(pdf,m+1,n+1);
figure
mesh(x,y,z)

abs(J2−J1)

omega1
mu1
sigma1

omega2
```

178

mu2

sigma2

强度分析 Matlab 计算程序：

```
clear all
data＝xlsread('data. xlsx');
Nmax＝size(data,1);
for N＝1:Nmax

  if N>=0 &.&. N<=50
    K＝0;
  elseif N>=51 &.&. N<=200
    K＝N－30;
  elseif N>=201 &.&. N<=500
    K＝0.85 * N;
  elseif N>=501
    K＝N－75;
  end
  HI(N,1)＝N/(N－K) * sum(data(K+1:N))/sum(data(1:N));

  if N>=0 &.&. N<50
    J＝0;
  elseif N>=50
    J＝50;
  end
  data_temp＝data(1:N);
  data_sort＝sort(data_temp,1,'descend');
  Sr(N,1)＝sum(data_sort(1:J))/J;
end
xlswrite('HI. xlsx',HI);
xlswrite('Sr. xlsx',Sr);
```